挥发性有机物治理

实用手册（第二版）

生态环境部大气环境司

生态环境部环境规划院

编著

中国环境出版集团·北京

图书在版编目（CIP）数据

挥发性有机物治理实用手册 / 生态环境部大气环境司，
生态环境部环境规划院编著 . — 2 版 . —北京：中国环境
出版集团，2021.10（2023.3 重印）
ISBN 978-7-5111-4750-9

Ⅰ.①挥… Ⅱ.①生…②生… Ⅲ.①挥发性有机物—
污染防治—手册 Ⅳ.① X513-62

中国版本图书馆 CIP 数据核字（2021）第 118841 号

出 版 人 武德凯
责任编辑 孙 莉
责任校对 任 丽
装帧设计 彭 杉

出版发行 中国环境出版集团
　　　　　（100062 北京市东城区广渠门内大街 16 号）
　　　　　网　　址：http://www.cesp.com.cn
　　　　　电子邮箱：bjgl@cesp.com.cn
　　　　　联系电话：010-67112765（编辑管理部）
　　　　　　　　　　010-67112736（第五分社）
　　　　　发行热线：010-67125803，010-67113405（传真）
印　　刷 北京中科印刷有限公司
经　　销 各地新华书店
版　　次 2021 年 10 月第 2 版
印　　次 2023 年 3 月第 2 次印刷
开　　本 710×960　1/16
印　　张 17.5
字　　数 280 千字
定　　价 80.00 元

【版权所有。未经许可，请勿翻印、转载，违者必究。】
如有缺页、破损、倒装等印装质量问题，请寄回本集团更换。

中国环境出版集团郑重承诺：
中国环境出版集团合作的印刷单位、材料单位均具有中国环境标志产品认证。

编委会

主　　任： 吴险峰　严　刚

副 主 任： 王　凤　蔡　俊　崔明明　宁　淼

编写人员： 宁　淼　叶代启　张国宁　聂　磊　雷　宇

郑　伟　沙　莎　江　梅　马　强　王　宁

邵　霞　蔡　莹　秦承华　刘　嘉　刘　玲

王敏燕　王洪昌　王　娜　魏　巍　邹丛阳

黄敏超　黄皓旻　黄玉虎　薛　明　邱春霞

董远舟　庄思源　宋晓晖　祖　雷　梁小明

何少林　段潍超

统　　稿： 郑　伟

前　言
Foreword

　　"十三五"期间，我国大气污染防治工作取得显著成效，空气质量显著改善。2020 年，未达标地级及以上城市细颗粒物（$PM_{2.5}$）浓度为 37 μg/m³，较 2015 年下降 28.8%；全国优良天数比率为 87%，较 2015 年提高 5.8 个百分点，均超额完成"十三五"约束性指标要求。虽然我国大气环境呈现持续快速改善态势，但与保护人体健康的要求相比，仍然有较大差距，$PM_{2.5}$ 浓度仍处于高位，2020 年全国 $PM_{2.5}$ 浓度是 WHO 准则值（10 μg/m³）的 3.3 倍，有 37.1% 的城市 $PM_{2.5}$ 浓度超标，其中 24 个城市 $PM_{2.5}$ 浓度超标 50% 以上。臭氧（O_3）浓度呈现缓慢升高态势，2020 年，全国以 O_3 为首要污染物的超标天数占总超标天数的 37.1%，O_3 已成为仅次于 $PM_{2.5}$ 影响空气质量的重要因素。因此，要深刻认识我国大气环境问题的长期性、复杂性、艰巨性，"十四五"时期要锚定 2035 年美丽中国建设目标，认真落实减污降碳协同增效总要求，以全面改善空气质量为核心，加强 $PM_{2.5}$ 和 O_3 污染协同控制，深入打好蓝天保卫战。

　　挥发性有机物（VOCs）是形成 O_3 和二次 $PM_{2.5}$ 的重要前体物。研究表明，我国典型区域城市 O_3 大多生成于 VOCs 控制区，特别是华北地区、长三角地区、苏皖鲁豫交界地区、珠三角地区的大中城市；大气重污染成因与治理攻关项目研究表明，"2+26"城市秋冬季 $PM_{2.5}$ 组成中有机物占比为 20%～40%，有机物中二次有机物占比为 30%～50%，其主要由 VOCs 转化生成。因此，加强 VOCs 治理是协同控制 O_3 和 $PM_{2.5}$ 污染的有效途径。为全面加强 VOCs 污染防治工作，"十三五"时期，我国相继出台了《"十三五"挥发性有机物污染防治工作方案》《重点行业挥发性有机物综合治理方案》《2020 年挥发性有机物治理攻坚方案》；建立了"行业 + 综合"的 VOCs 排放标准体系，涉 VOCs 的排放标准达到 21 项；出台并全面实施了 10 项涉及涂料、油墨、胶粘剂、清洗剂等有机溶剂产品 VOCs 含量限值标准，VOCs 治理法律法规、标准、政策体系不断完善。

相对于颗粒物、二氧化硫（SO_2）、氮氧化物（NO_x）的污染控制，VOCs 管理基础依然薄弱，尤其是在落实层面。2020 年开展的夏季臭氧污染防治强化监督帮扶工作发现 VOCs 污染防治普遍存在源头控制力度不足、无组织排放问题突出、治理设施综合去除效率低、非正常工况排放未有效控制、运行管理粗放、监测监控不到位等问题，已成为当前我国大气污染防治工作的突出短板，迫切需要进一步加强这方面的工作指导和推进。为此，2021 年 8 月，生态环境部发布了《关于加快解决当前挥发性有机物治理突出问题的通知》，要求各地以石化、化工、工业涂装、包装印刷和油品储运销为重点，结合本地特色产业，组织开展挥发性有机液体储罐、装卸、敞开液面、泄漏检测与修复（LDAR）、废气收集、废气旁路、治理设施、加油站、非正常工况、产品 VOCs 含量 10 个关键环节的排查整治。《中华人民共和国国民经济和社会发展第十四个五年规划和2035 年远景目标纲要》也提出，推进 $PM_{2.5}$ 和 O_3 协同控制，有效遏制 O_3浓度增长趋势；将优良天数比例纳入"十四五"约束性指标，2025 年达到 87.5%；加快挥发性有机物排放综合整治，挥发性有机物排放总量下降10% 以上。

考虑到 VOCs 成分复杂、来源广泛，治理难度大，管理要求高，2020 年，生态环境部编制了《挥发性有机物治理实用手册》（以下简称《手册》），取得了良好的社会反响，为地方生态环境主管部门、有关企业

VOCs 治理提供了借鉴。为深化"十四五"VOCs 污染防治工作，通过更加有效细致的指导和提高地方、企业发现问题、解决问题的能力，加大向企业"送政策、送技术、送方案"的力度，切实帮助企业解决实际困难，同时为方便从事 VOCs 污染防治管理工作人员的学习使用和提高业务能力，实现精准治污、科学治污、依法治污，在 2020 年出版的《手册》基础之上，生态环境部大气环境司组织、生态环境部环境规划院技术牵头对该《手册》进行了修订，新修订的《挥发性有机物治理实用手册》(第二版)结合相关标准、政策的最新要求，进一步扩展了涉 VOCs 排放的行业与领域，聚焦 VOCs 治理存在突出问题的 10 个关键环节，提供了更为细化的解决方案。

第 1 部分内容为重点行业与领域 VOCs 排放控制技术指南，对石化、化工、工业涂装、其他溶剂使用以及油品储运销五大领域 21 个子行业，从控制要求、控制技术、监测监控、台账记录、旁路整治 5 个方面给出 VOCs 综合治理要求与技术导向，该部分内容由生态环境部环境规划院、中国环境科学研究院、生态环境部环境工程评估中心、生态环境部南京环境科学研究所、生态环境部华南环境科学研究所、交通运输部规划研究院、北京市生态环境保护科学研究院、大连石油化工研究院、中国石油集团安全环保技术研究院有限公司、华南理工大学、北京工业大学、苏州科技大学等单位撰写。第 2 部分内容为重点行业与领域 VOCs 政策标准解读，对排污许可、差异化管理等政策，涂料、油墨、胶粘剂、清洗剂等产品质量标准，无组织、制药、农药、涂料/油墨及胶粘剂、陆上石油天然气开采、铸造、储油库、加油站、石油炼制、石油化学等排放标准的要点和要求进行解释说明，该部分内容由生态环境部环境规划院、中国环境科学研究院等单位撰写。第 3 部分内容为 VOCs 废气收集与末端治理技术指南，对废气收集标准、技术、保障等和末端治理技术适用范围、设施运行维护等要点和要求进行介绍说明，该部分内容由上海机电设计研究院有限公司、华南理工大学等单位撰写。第 4 部分内容为重点行业 VOCs 排放监测技术指南，对监测内容、指标、频次以及排污口规范化设置、手工与自动监测、监测记录等要点和要求进行介绍说明，该部分内容由中国环境监测总站、北京市生态环境保护科学研究院等单位撰写。

《挥发性有机物治理实用手册》（第二版）涉及领域广、内容多、专业性强，尽管我们在编写过程中力求做到全面、具体、准确，但由于时间仓促以及受编者专业水平的限制，书中难免存在疏漏、错误之处，恳请广大读者批评指正！

编者

2021 年 9 月于北京

目　录
Contents

第 1 部分

重点行业与领域 VOCs
排放控制技术指南

一、石化行业

（一）石油炼制

- 石油炼制工业指以原油、重油等为原料，生产汽油馏分、柴油馏分、燃料油、润滑油、石油蜡、石油沥青和石油化工原料等的工业，其主要涉及《国民经济行业分类》（GB/T 4754—2017）中规定的原油加工及石油制品制造（C2511）。

- 石油炼制的生产工艺主要包括炼油生产及芳烃烃生产，涉及 VOCs 排放的工艺尾气主要包括沥青氧化的氧化尾气、硫醇氧化抽提里的脱硫氧化尾气、延迟焦化开盖塔顶气、催化裂化再生烟气、润滑油溶剂脱蜡真空泵尾气等。

- 石油炼制工业 VOCs 排放主要来自挥发性有机液体储罐、挥发性有机液体装载、工艺过程、设备与管线组件泄漏、敞开液面等源项。

石油炼制生产工艺流程与主要有组织 VOCs 排放环节见图 1-1～图 1-6。

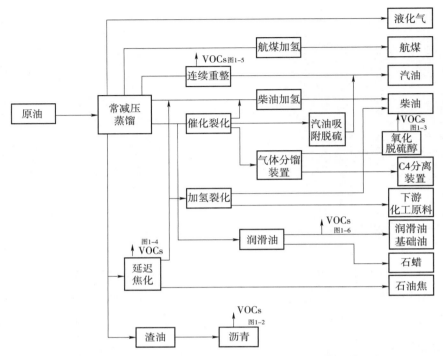

图1-1　炼油生产工艺流程与主要有组织 VOCs 排放环节示意

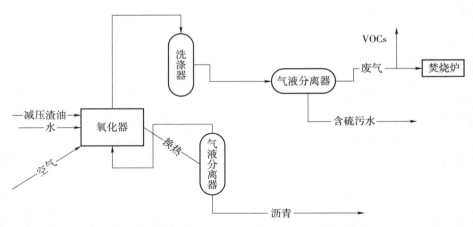

图1-2　沥青氧化工艺流程与主要有组织 VOCs 排放环节示意

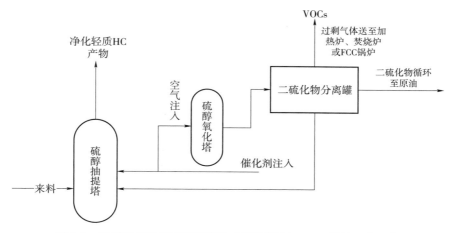

图 1-3　硫醇氧化抽提工艺流程与主要有组织 VOCs 排放环节示意

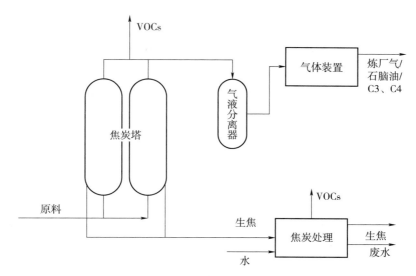

图 1-4　延迟焦化工艺流程与主要有组织 VOCs 排放环节示意

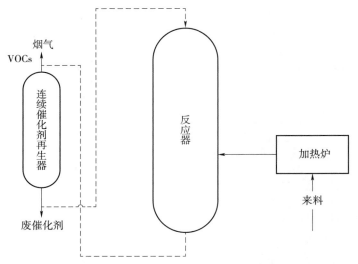

图 1-5　催化裂化再生烟气 VOCs 排放环节示意

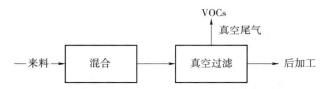

图 1-6　溶剂脱蜡真空泵尾气 VOCs 排放环节示意

1. 控制要求

• VOCs 排放应满足《石油炼制工业污染物排放标准》（GB 31570—2015）。

• 有更严格的地方排放控制标准的，应执行地方标准。

2. 控制技术

（1）设备与管线组件

a. 源头削减

• 有机气体宜采用屏蔽泵、磁力泵、隔膜泵、波纹管泵、密封隔离液所受压力高于工艺压力的双端面机械密封泵或具有同等效能的泵。

• 轻质有机液体宜采用屏蔽压缩机、磁力压缩机、隔膜压缩机、密封隔离液所受压力高于工艺压力的双端面机械密封压缩机或具有同等效能的压缩机。

- 轻质有机液体宜采用屏蔽搅拌器、磁力搅拌器、密封隔离液所受压力高于工艺压力的双端面机械密封搅拌器或具有同等效能的搅拌器。

- 轻质有机液体和有机液体宜采用屏蔽阀、隔膜阀、波纹管阀或具有同等效能的阀，以及上游配有爆破片的泄压阀。

- 采样口应采用密闭采样装置或等效设施。

- 应对企业内污染严重、服役时间长的生产装置和管道系统实施升级改造。

- 宜选用无泄漏或泄漏量小的机泵和管阀件等设备。

- 宜采用密封好的设备组件类型，安装组件时选用要求更高的密封件类型或填料类型（如阀杆填料要求 5 年内泄漏浓度单次检测值低于 100 μmol/mol）。泄漏浓度超过 250 μmol/mol 的阀杆填料建议在 30 天内或下次停工检修时进行维修或更换为低渗漏规格，泄漏浓度为 100～250 μmol/mol 的阀杆填料建议维修或更换为低渗漏规格。法兰、螺纹等连接件泄漏浓度超过 250 μmol/mol 也建议维修或更换。

- 宜对易泄漏动密封点增加检测频次。

- 宜对大部分连接件或不需移动的组件进行焊接。

b. 过程控制

- 识别载有气态 VOCs 物料、液态 VOCs 物料的设备和管线组件的密封点。

- 开展资料收集、装置适应性分析、物料状态辨识、物料状态边界辨识等工作。

- 建立企业密封点档案和制订泄漏检测与修复计划。

- 对于结构复杂或尺寸较大的设备与管线组件，可采取在密封点上做标记、利用防爆相机拍照方式记录泄漏具体部位。

- 使用氢火焰离子化检测仪开展常规检测，对泄漏点应及时系挂泄漏标识牌或作出相应标识。

- 对于不可达点，通过目视检测、光学检查等手段开展非常规检测。
- 开展泄漏检测与修复工作。
- 泄漏点应在发现泄漏之日起 5 日内进行首次尝试维修。
- 首次尝试维修后仍然泄漏的，除符合延迟修复规定外的，应在发现泄漏之日起 15 日内进行实质性维修并完成修复。
- 泄漏点在首次尝试维修或实质性维修后，应在 5 日内完成复测。
- 停工检修期间维修的延迟修复泄漏点，应在装置开工稳定后 15 日内复测。
- 泄漏点维修后，泄漏标识应记录已维修并保持在原位置，直到复测表明该泄漏点修复后方可取下。
- 在装置或单元检修期间，应采取措施防止泄漏标识遗失，延迟修复的泄漏标识应一直保留至修复为止。
- 在复测泄漏点过程中，检测仪器的采样探头移动速度不应超过 3 cm/s。
- 有条件的企业宜建立企业密封点 LDAR 信息平台，全面分析泄漏点信息，对易泄漏环节制定有针对性的改进措施。

（2）挥发性有机液体储罐

a. 源头削减

- 控制储存物料的真实蒸气压，应依据真实蒸气压选择适宜的储罐罐型。推荐使用浮顶罐，严格控制浮盘边缘缝隙，并增加浮盘缝隙补偿量报告记录。增加对有机液体储罐的浮盘密封、呼吸阀、人孔、泡沫发生器等配件的排查次数。
- 宜采用全接液式浮盘。
- 一级密封圈与罐壁之间的缝隙小于 212 cm^2/m 储罐直径，或一级密封圈与罐壁之间任一缝隙的任一部分的宽度小于 3.81 cm。
- 二级密封圈与罐壁之间的缝隙小于 21.2 cm^2/m 储罐直径，或二级密封圈与罐壁之间任一缝隙的任一部分的宽度小于 1.27 cm。

- 对缝隙的检测，主要采用塞尺来进行测量，在储罐完成测压验收阶段或是储罐的大检修阶段，采用六点式距离测量。

- 按照《石油化工储运系统罐区设计规范》（SH/T 3007—2014）中 3.5 b）条的要求，采用氮气密封的储罐，呼吸阀正压宜为 0.2 kPa～0.5 kPa；其他设置有呼吸阀的储罐，正压宜为 1 kPa～1.5 kPa。

- 固定顶罐或建有机废气治理设施的内浮顶罐宜配备压力监测设备，当罐内压力低于 50% 设计开启压力时，呼吸阀、紧急泄压阀泄漏检测值不宜超过 2 000 μmol/mol。

b. 过程控制

- 各装置间宜采用直供料，减少倒罐次数。

- 宜采取平衡控制进出罐流量的方法，调整收发料程序，确保储罐合理的留空高度。

- 罐体应保持完好，不应有孔洞、缝隙（除内浮顶罐边缘通气孔外）或破损。

- 固定顶罐附件开口（孔）除采样、计量、例行检查、维护和其他正常活动外，应密闭；应定期检查呼吸阀的定压是否符合设定要求。

- 浮顶罐浮顶边缘密封不应有破损，支柱、导向装置等附件穿过浮盘时，应采取密封措施。应定期检查边缘呼吸阀定压是否符合设定要求。

- 内浮顶罐浮盘与罐壁之间一级密封采用液体镶嵌式、机械式鞋形，并增加二级密封。

- 外浮顶罐浮盘与罐壁之间应采用二级密封，且一级密封采用液体镶嵌式、机械式鞋形等高效密封方式。

- 加强人孔、清扫孔、量油孔、浮盘支腿、边缘密封、泡沫发生器等部件密封性管理，强化储罐罐体及废气收集管线的动静密封点检测与修复。

- 汽油宜采用在线调和技术。

- 宜采取平衡控制进出罐流量、减少罐内气相空间等措施。

- 含溶解性油气、硫化氢、氨的物料（如酸性水、粗汽油、粗柴油等），在长距离、高压输送进入常压罐前，宜经过脱气罐回收释放气体，避免闪蒸损失。

- 常见储罐介质、罐型、储存温度见表 1-1。

表 1-1　石油炼制行业常见储罐介质、罐型、储存温度

序号	介质	常见罐型	储存温度	备注
1	原油	内浮顶罐、外浮顶罐	常温	
2	汽油	内浮顶罐、外浮顶罐	常温	
3	航空汽油	内浮顶罐、外浮顶罐	常温	
4	轻石脑油	内浮顶罐、外浮顶罐	常温	
5	重石脑油	内浮顶罐、外浮顶罐	常温	
6	航空煤油	内浮顶罐、外浮顶罐	常温	
7	柴油	固定顶罐、内浮顶罐、外浮顶罐	常温	
8	烷基化油	内浮顶罐	常温	
9	抽余油	内浮顶罐	常温	
10	蜡油	固定顶罐	伴热	苯、甲苯、二甲苯等采用内浮顶罐并安装顶空联通置换油气回收装置
11	渣油	固定顶罐	伴热	
12	污油	固定顶罐、内浮顶罐	常温	
13	燃料油	固定顶罐、外浮顶罐	常温	
14	正己烷	内浮顶罐	常温	
15	正庚烷	固定顶罐、内浮顶罐	常温	
16	正壬烷	固定顶罐	常温	
17	正癸烷	固定顶罐	常温	
18	MTBE	内浮顶罐	常温	
19	丙酮	内浮顶罐	常温	
20	苯	内浮顶罐	常温	
21	甲苯	内浮顶罐	常温	
22	间二甲苯	内浮顶罐	常温	
23	邻二甲苯	内浮顶罐	常温	
24	对二甲苯	内浮顶罐	常温	

续表

序号	介质	常见罐型	储存温度	备注
25	甲酸甲酯	压力罐	常温	
26	乙醇	内浮顶罐	常温	
27	甲醇	内浮顶罐	常温	
28	正丁醇	固定顶罐、内浮顶罐	常温	
29	环己醇	固定顶罐、内浮顶罐	必须高于 25.9℃	
30	乙二醇	固定顶罐	常温	
31	丙三醇	固定顶罐	必须高于 20℃	
32	二乙苯	内浮顶罐	常温	
33	苯酚	固定顶罐	必须高于 43℃	
34	苯乙烯	固定顶罐	常温	
35	醋酸	固定顶罐	必须高于 16℃	
36	正丁酸	固定顶罐	常温	
37	丙烯酸	固定顶罐	必须高于 14℃	
38	丙烯腈	内浮顶罐	常温	苯、甲苯、二甲苯等采用内浮顶罐并安装顶空联通置换油气回收装置
39	醋酸乙烯	内浮顶罐	常温	
40	乙酸乙酯	内浮顶罐	常温	
41	乙二胺	固定顶罐	必须高于 9℃	
42	三乙胺	内浮顶罐	常温	
43	丙苯	固定顶罐	常温	
44	乙苯	固定顶罐	常温	
45	正丙苯	固定顶罐	常温	
46	异丙苯	固定顶罐	常温	
47	1-辛醇	固定顶罐	常温	
48	甲基丙烯酸甲酯	固定顶罐	常温	
49	间二氯苯	固定顶罐	常温	
50	正丙醇	固定顶罐	常温	
51	异丙醇	内浮顶罐	常温	
52	异丁醇	固定顶罐	常温	
53	异辛烷	内浮顶罐	常温	
54	乙酸丁酯	固定顶罐	常温	

续表

序号	介质	常见罐型	储存温度	备注
55	四氯乙烯	固定顶罐	常温	苯、甲苯、二甲苯等采用内浮顶罐并安装顶空联通置换油气回收装置
56	糠醛	固定顶罐	常温	
57	甲酸	内浮顶罐	常温	
58	甲基异丁基酮	固定顶罐	常温	
59	环己酮	固定顶罐	常温	
60	癸醇	固定顶罐	必须高于6℃	
61	二乙二醇	固定顶罐	常温	
62	醋酸正丙酯	固定顶罐	常温	
63	醋酸仲丁酯	固定顶罐	常温	
64	DMF	固定顶罐	常温	
65	甲乙酮	内浮顶罐	常温	
66	苯胺	固定顶罐	常温	
67	煤焦油	固定顶罐	常温	

c. 末端治理

• 储存真实蒸气压<27.6 kPa的设计容积≥150 m³的挥发性有机液体储罐，以及储存真实蒸气压<76.6 kPa的设计容积≥75 m³的挥发性有机液体储罐，若采用固定顶罐，应安装密闭排气系统至有机废气回收或处理装置。

• 可采用吸收、吸附、冷凝、膜分离等A类回收组合技术以及与蓄热式燃烧、蓄热式催化燃烧、催化燃烧等B类破坏技术的组合技术，如A+A、A+A+A、A+B、A+A+B等。

• 氮封是作为安全考虑的措施，并非专门针对VOCs的末端治理措施。

• 合理化冗余量设计，一般储罐尾气集中收集处理，而储罐的整体体积与送风管径、风机的功率有一定的匹配关系，收集管道的直径与收集的气量、管道压力、管道及管件的压降相关联。风机的入口压力必须保证克服风机入口至所收集设备之间的管道压降，风机出口压力必须保证能克服油气回收、处理设施的压降。对于油气回收系统压力设置，压力应保持正压，且不能低于 6 kPa。同时油气收集系统的启动压力一般设置在 0.1 kPa。

（3）挥发性有机液体装载

a. 源头削减

• 在安全允许的条件下，宜采用下装式装卸车，安装自封式快速接头。

• 对于装载汽油（包括含醇汽油、航空汽油）、航空煤油、原油、石脑油及苯、甲苯、二甲苯的汽车罐车宜采用底部装载方式（图 1-7），推广采用自封式快速接头。铁路罐车使用气缸锁舌结构。

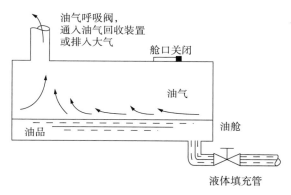

图 1-7　底部装载

• 液体产品优先采用管道输送，减少罐车、火车装卸作业。

• 万吨级以上码头应建设油气回收设施，8 000 t 及以上油船应设置密闭油气收集系统和惰性气体系统。

b. 过程控制

• 加强装卸废气处理设施运行维护。宜采用红外热成像仪等方式对废气处理系统收集管道的密封点进行监测，防止发生泄漏。同时废气处理设施吸附剂应及时再生或更换，冷凝温度以及系统压力、气体流量、装载量等相关参数应满足设计要求。

• 密闭装油并将油气收集、输送至回收处理装置。保证油气收集管道收气口压力低于罐车呼吸阀的最高定压。宜采用泄漏检测仪对槽罐呼吸阀和密闭设施进行密闭性检测。

c.末端治理

• 可采用吸收、吸附、冷凝、膜分离等 A 类回收组合技术以及与蓄热式燃烧、蓄热式催化燃烧、催化燃烧等 B 类破坏技术的组合技术，如 A+A、A+A+A、A+B、A+A+B 等。

• 甲醇、MTBE 等易溶于水的化学品装载作业排气时，宜采用水吸收或吸收 + 汽提回收处理。

• 油罐（含油舱）清洗、扫舱过程废气逸散、顶部卸油过程中真空抽吸气、船舶卸油后压舱废气排放（单层舱）应收集治理。

（4）敞开液面

a.源头削减

• 在安全允许的条件下，对敞口液面实施密闭处理。通过密闭管道等措施逐步替代地漏、沟、渠、井等敞开式集输方式，减少集水井、含油污水池数量。

• 集水井或无移动部件的隔油池可安装浮动盖板（浮盘）。

b.过程控制

• 密闭空间最远端实现微负压（可采用便携式"U"形管在风机抽气口的最远端进行压差测试）操作条件，尾气集中收集处理。

• 集水井（池）、调节池、隔油池、气浮池、曝气池、含油污泥浓缩池等污水处理池应采用密闭收集措施，密闭材料宜具有防腐性能，密闭盖板宜接近液面，废气实现负压收集、回收或处理。

• 优化气浮池运行，严格控制气浮池出水中的浮油含量，按照好氧生物氧化技术规范要求，一般气浮池的石油类含量不大于 20 mg/L。

c.末端治理

• 污水处理厂集水井（池）、调节池、隔油池、气浮池、混入含油浮渣的浓缩池等产生的高浓度 VOCs 废气宜单独收集治理，采用预处理 + 催化氧化、焚烧等高效处理工艺。

• 好氧生物处理设施等低浓度废气可采用洗涤 + 吸附法、生物脱臭、焚烧法等处理技术。

● 装置区含油污水提升井（池）废气收集处理，一般可就近引至加热炉的火焰区进行处理。加热炉停工检修时，采用活性炭罐吸附，建议企业自建活性炭再生设施，使活性炭罐可循环使用。吸附饱和后的活性炭不能作为一般固体废物处置。

（5）工艺过程

a. 源头削减

● 宜采用全密闭、连续化、自动化等生产技术。

b. 过程控制

● 尽可能减少不规则的排口排气，正常工况下，精馏塔顶不凝气、酸性水罐及其他装置罐区等储罐罐顶气送至低压瓦斯系统。

c. 末端治理

● 重整催化剂再生烟气、离子液法烷基化装置催化剂再生烟气脱氯后可采用焚烧、催化燃烧等处理技术。

● 氧化脱硫醇尾气可进入克劳斯尾气焚烧炉进行处理，或采用低温柴油吸收等处理技术。

● 氧化沥青尾气宜采用 TO 焚烧处理技术。

● 溶剂脱蜡尾气宜采用冷凝 + 活性炭处理技术。

（6）其他源项

a. 源头控制

● 延迟焦化：减少延迟焦化加工量，适宜条件下可采取全密闭出焦方式操作。

● 防腐防水涂装过程：可采用低 VOCs 含量涂料替代溶剂型涂料，新建钢结构及设备等宜减少现场喷涂。

● 非正常工况：制定开停车、检维修、生产异常等非正常工况的操作规程和污染控制措施。稳定操作，避免非正常工况发生。

b. 过程控制

● 延迟焦化：冷焦水罐、切焦水罐、污油罐应密闭处理，废气集中收集。

● 火炬：保证长明灯常燃，并回收火炬气作为燃料或原料使用。

● 非正常工况：设备拆卸检修过程中，应适时对容器（罐、塔、管线、池）内的总烃浓度进行监测，废气总烃浓度不宜超过 360 mg/m³。装置检维修过程管理宜数字化，计量吹扫气量、温度、压力等参数；宜通过辅助管道和设备等建立蒸罐、清洗、吹扫产物密闭排放管网。检修过程产生的物料分类进入瓦斯管网和火炬系统，以及带有废气处理装置的污油罐、酸性水罐和污水处理厂。做好检维修记录，并及时向社会公开非正常工况相关环境信息，接受社会监督。非计划性操作应严格控制污染，杜绝事故性排放，事后及时评估并向生态环境主管部门报告。

● 含 VOCs 危废暂存库：满足《危险废物贮存污染控制标准》（GB 18597—2001），并及时清运，交给有资质的单位处理处置。

c. 末端控制

● 非正常工况：装置检维修过程选用适宜的清洗剂和吹扫介质；清扫气应接入有机废气回收或处理装置，可采用冷凝、吸附、吸收、催化燃烧等处理技术。在难以建立密闭蒸罐、清洗、吹扫产物密闭排放管网的情况下，采用移动式设备处理检修过程并排放废气。生产设备在非正常工况下通过安全阀排出的含 VOCs 废气应接入有机废气回收或处理装置。

3. 监测监控

● 严格执行《排污许可证申请与核发技术规范　石化工业》（HJ 853—2017）、《排污单位自行监测技术指南　石油炼制工业》（HJ 880—2017）等规定的自行监测管理要求。

● 其他相关要求参见本书第 4 部分。

4. 台账记录

台账应采用电子化储存和纸质储存两种形式并对其进行同步管理，保存期限不得少于 5 年。

（1）生产设施运行管理信息

a. 生产设置或设施

• 记录生产装置名称、主要工艺名称、生产设施名称、设施参数、原料名称、产品名称、加工／生产能力、年运行时间、运行负荷以及原料、辅料、燃料使用量及产品产量等。

b. 公用单元

• 泄漏检测与修复：记录生产装置名称，密封点群组编号、密封点扩展号、密封点类型，物料名称、物料状态，是否保温、工艺温度、是否可达、不可达原因，定位设备、定位设备方位、距离，工艺描述，检测时间（精确到秒）、检测设备型号、仪器示值、响应因子、环境本底值、检测值、净检测值，首次修复时间、修复完成时间、复测时间、复测浓度、是否延迟修复、延迟修复原因、检测人等基本信息。必要时记录工艺压力、运行时间、甲烷质量分数、VOCs 质量分数、设备生产厂家、VOCs 组分及摩尔分数等辅助信息。

• 储罐：记录罐型、公称容积、内径、罐体高度、浮盘密封设施状态、储存物料名称、物料储存温度和年周转量等信息以及储罐维护、保养、检查等运行管理情况、储罐废气治理台账。

• 装载：记录装载物料名称、设计年装载量、装载温度、装载形式（火车／汽车／轮船／驳船）、实际装载量等信息以及装载废气治理台账。

• 火炬：连续监测、记录引燃设施和火炬的工作状态（火炬气流量、火炬头温度、火种气流量、火种温度等）。

• 循环冷却水系统：记录服务装置范围、冷却塔类型、循环水流量、运行时间、冷却水排放量、监测时间、监测浓度等。

c. 生产运行

• 记录原料、辅料、燃料使用量及产品产量。

（2）污染治理设施运行

• 有组织废气治理设施情况下记录设施运行时间、运行参数等台账。

- 无组织废气排放控制则记录措施执行情况，包括储罐、动静密封点、装卸的维护、保养、检查等运行管理情况台账。

- 废水集输处理记录废水量、废水集输方式（密闭管道、沟渠）、废水处理设施密闭情况、敞开液面上方 VOCs 检测浓度等。

（3）自行监测

- 手工监测记录信息：手工监测日期、采样及测定方法、监测结果等。

- 自动监测记录信息：自动监测及辅助设备运行状况、系统校准、校验记录、定期比对监测记录、维护保养记录、是否出现故障、故障维修记录、巡检日期等。

（4）非正常工况

- 生产装置和污染治理设施非正常工况应记录起止时间、污染物排放情况（排放浓度、排放量）、异常原因、应对措施、是否向地方生态环境主管部门报告、检查人、检查日期及处理班次等信息。

5. 旁路整治

- 以生产车间顶部、生产装置顶部、备用烟囱、废弃烟囱、应急排放口、治理设施（含承担废气处置功能的锅炉、炉窑等）等为重点，进行旁路排查。

- 对于氧化反应器放空气、分馏（精馏）塔顶不凝气、设备吹扫气等直排旁路，以及其他以偷排偷放为目的的旁路，应采取彻底拆除、切断、物理隔离等方式取缔。

- 对可不通过治理设施直接排放有机废气的旁路，逐一登记造册。对生产系统和治理设施旁路进行系统评估，对于以保障安全生产为目的的必须保留的应急类旁路，企业应向当地生态环境主管部门报备，在非紧急情况下保持关闭并铅封，通过安装自动监测设备、流量计等方式加强监管，并保存历史记录，开启后应及时向当地生态环境主管部门报告，做好台账记录；阀门腐蚀、损坏后应及时更换，鼓励选用泄漏率小于 0.5% 的阀门；

建设有中控系统的企业，鼓励在旁路设置感应式阀门，阀门开启状态、开度等信号接入中控系统，历史记录至少保存 5 年。

- 推动取消非必须保留的应急类旁路。在保证安全的前提下，鼓励对调节阀、安全阀等生产系统旁路废气进行处理，防止直排。

（二）石油化工

- 石油化学工业是指以石油馏分、天然气等为原料，生产有机化学品、合成树脂、合成纤维、合成橡胶等的工业。主要涉及《国民经济行业分类》（GB/T 4754—2017）中规定的有机化学原料制造（C2614）、初级形态塑料及合成树脂制造（C2651）、合成橡胶制造（C2652）、合成纤维单（聚合）体制造（C2653）等。

- 有机化学品制造主要包括烯烃、芳烃、环氧乙烷 / 乙二醇、苯酚、丙酮等生产工艺；合成树脂制造主要包括聚丙烯、聚乙烯、SBS、聚苯乙烯等生产工艺；合成橡胶制造主要包括顺丁橡胶、丁基橡胶、丁苯橡胶等生产工艺；合成纤维单（聚合）体制造主要包括己内酰胺 - 锦纶、涤纶等生产工艺。

- 石油化学工业 VOCs 排放主要来自挥发性有机液体储罐、挥发性有机液体装载、工艺过程、设备与管线组件泄漏、敞开液面等源项。

石油化工典型生产工艺流程与主要有组织 VOCs 排放环节见图 1-8。

1. 控制要求

- 有机化学品、合成橡胶制造 VOCs 排放应满足《石油化学工业污染物排放标准》（GB 31571—2015）；合成树脂制造 VOCs 排放应满足《合成树脂工业污染物排放标准》（GB 31572—2015）；合成纤维单（聚合）体制造 VOCs 排放应满足《石油化学工业污染物排放标准》（GB 31571—2015）、《合成树脂工业污染物排放标准》（GB 31572—2015）。

- 有更严格的地方排放控制标准的，应执行地方标准。

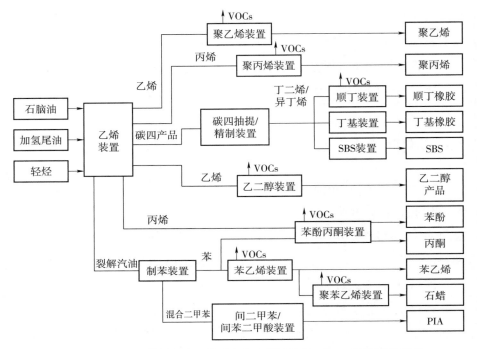

图 1-8　石油化工典型生产工艺流程与主要有组织 VOCs 排放环节示意

2. 控制技术

（1）设备与管线组件

● 参见石油炼制。

（2）挥发性有机液体储罐

● 参见石油炼制。

（3）挥发性有机液体装载

● 参见石油炼制。

（4）敞开液面

● 参见石油炼制。

（5）工艺过程

a. 基础有机化学原料制造

主要末端治理技术如下。

①蒸汽裂解工艺

• 主要产品：乙烯、丙烯、丁二烯、混合芳烃等。

• 以石脑油为原料的蒸汽裂解制乙烯生产工艺（图 1-9）为例：乙炔转化塔尾气宜送加热炉焚烧；裂解炉炉管脱焦尾气宜送裂解炉炉膛焚烧。

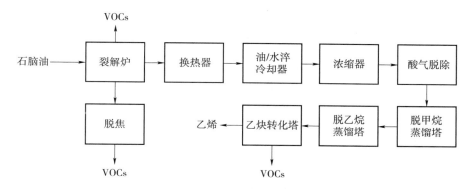

图 1-9　蒸汽裂解制乙烯生产工艺流程与 VOCs 排放环节示意

②甲醇制烯烃（MTO）

• 主要产品：乙烯、丙烯等。

• 以天然气、煤为原料的甲醇制乙烯生产工艺（图 1-10）为例：再生系统尾气宜作为原料回收或送燃料气系统。

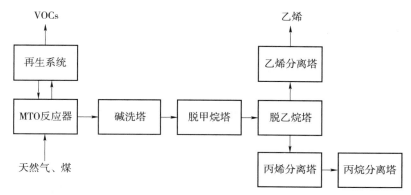

图 1-10　MTO 制乙烯生产工艺流程与 VOCs 排放环节示意

③脱氢工艺

• 主要产品：乙烯、丙烯、1,3- 丁二烯等。

• 以丙烷为原料的 PDH 制丙烯生产工艺（图 1-11）为例：脱氢反应器尾气宜送加热炉焚烧；脱乙烷塔、丙烯精馏塔的尾气宜作为原料回收或送燃料气系统。

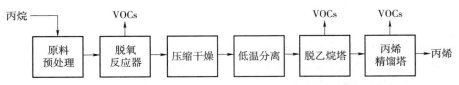

图 1-11　PDH 制丙烯生产工艺流程与 VOCs 排放环节示意

④抽提工艺

• 主要产品：1,3- 丁二烯、苯、甲苯、二甲苯等。

• 以芳烃抽提制苯生产工艺（图 1-12）为例：气液分离塔尾气宜采用汽提 + 焚烧等处理技术；分馏塔塔顶、芳烃抽提溶剂回收单元、苯和甲苯分离塔塔顶的尾气，宜送低压瓦斯管网回收或燃料气系统。

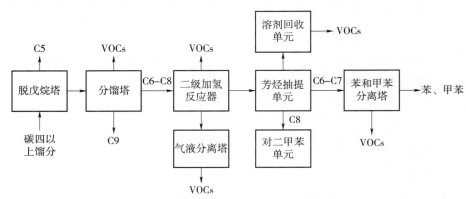

图 1-12　芳烃抽提制苯生产工艺流程与 VOCs 排放环节示意

⑤甲苯歧化

• 主要产品：苯和对二甲苯等。

• 以甲苯歧化及烷基化制苯和对二甲苯生产工艺（图 1-13）为例：分馏塔塔顶尾气宜作为原料回收或送燃料气系统。

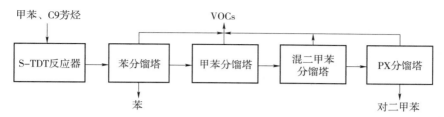

图 1-13　甲苯歧化及烷基化制苯和对二甲苯生产工艺流程与 VOCs 排放环节示意

⑥其他工艺

• 参见石油炼制。

b. 有机化学品制造

——源头削减

• 可采用聚合级原料代替化学级原料。

• 可提高氯气、丙烯、氧气、空气等气体纯度水平。

——过程控制

• 优化 VOCs 排放量大的生产工艺，见表 1-2。

表 1-2　有机化学品制造行业工艺改进方案

序号	产品	生产工艺	工艺改进
1	环氧丙烷	氯醇化工艺	将氯醇化和皂化反应与电解反应相结合
2	环氧乙烷	空气氧化工艺	设置两级反应系统，包含主反应器和串联的吹扫反应器，提高乙烯的收率
		氧气氧化工艺	在乙烯／氧气混合物中添加甲烷，缩小进口气体的可燃性限制，提高反应产率
3	环己醇／环己酮	环己烷氧化	将催化氧化与能源回收系统结合
4	重丙烯酸酯的生产	—	低酯代替丙烯酸，与重醇反应
5	硝基苯	废酸处理	废酸销售或重新浓缩前，不进行苯的回收处理
6	苯胺	硝基苯气相加氢工艺	从产品气体中，回收催化剂
7	苯酚	异丙苯氧化工艺	将粗制 -AMS（甲基苯乙烯）流加氢生产异丙苯回收，不作为 AMS 产品销售

——末端治理

①氯醇化反应

- 主要产品：环氧丙烷等。

- 以丙烯、氯气为原料氯醇化制环氧丙烷生产工艺（图 1-14）为例：气体洗涤塔尾气宜作为燃料回收（锅炉或工艺加热炉）或送燃料气系统；皂化塔、环氧丙烷（PO）汽提塔、轻组分汽提塔、PO 精馏塔的尾气，宜采用水吸收 + 蒸馏等处理技术；二氯丙烷精馏塔尾气宜采用油吸收。

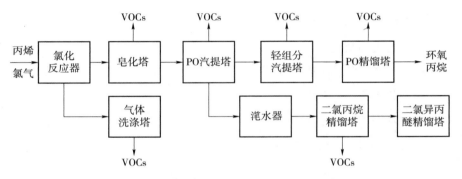

图 1-14　氯醇化制环氧丙烷生产工艺流程与 VOCs 排放环节示意

②氧化反应

- 主要产品：环氧丙烷、苯乙烯、丙烯酸和酯、环氧乙烷、环己醇、己二酸、对苯二甲酸等。

- 以乙苯共氧化法制环氧丙烷 / 苯乙烯（PO/SM）生产工艺（图 1-15）为例：氧化反应器洗涤塔尾气宜采用活性炭吸附或焚烧等处理技术；环氧丙烷分离塔、轻组分汽提塔、丙烯回收塔的尾气，宜作为燃料回收（锅炉或工艺加热炉）或送燃料气系统；降膜蒸发器、混合烃清洗系统、乙苯清洗系统、乙苯汽提塔、轻烃杂质汽提塔、α-MBA-AP 汽提塔、苯乙烯精馏塔的尾气，宜送燃料气系统；PO 产品清洗系统尾气宜采用汽提 + 吸收等处理技术。

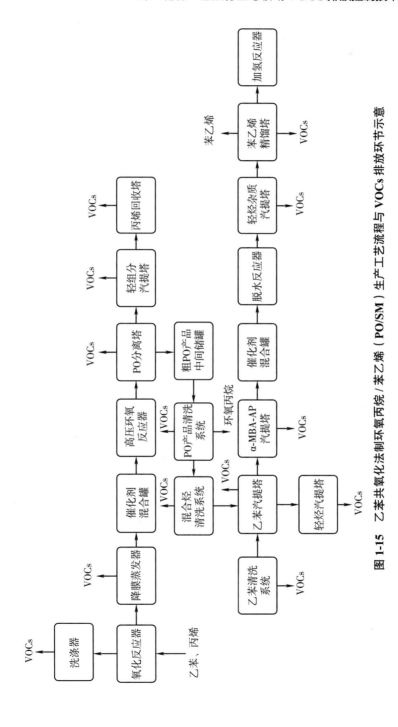

图 1-15　乙苯共氧化法制环氧丙烷 / 苯乙烯 (PO/SM) 生产工艺流程与 VOCs 排放环节示意

③氨氧化反应

• 主要产品：丙烯腈、己内酰胺等。

• 以丙烯氨氧化制丙烯腈生产工艺（图 1-16）为例：吸收塔尾气宜采用 RO 或 RTO 等处理技术；回收塔、乙腈回收塔、乙腈净化塔、轻烃蒸馏塔、HCN 塔和丙烯腈蒸馏塔的尾气，宜送燃料气系统。

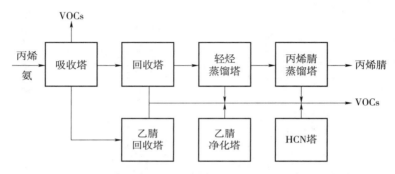

图 1-16　丙烯氨氧化制丙烯腈生产工艺流程与 VOCs 排放环节示意

④加氢反应

• 主要产品：环己烷、环己醇、环己酮等。

• 以苯酚加氢制环己醇生产工艺（图 1-17）为例：加氢反应器、产品蒸馏塔的尾气宜作为燃料回收，送锅炉或工艺加热炉燃烧。

图 1-17　苯酚加氢制环己醇生产工艺流程与 VOCs 排放环节示意

⑤硝化反应

• 主要产品：硝基苯等。

• 以苯硝化反应制硝基苯生产工艺（图 1-18）为例：反应器、分离器、废酸汽提器、洗涤和中和、硝基苯汽提器的尾气，宜采用水吸收、碱液吸收、硝基苯吸收＋RO 或 RTO 等处理技术。

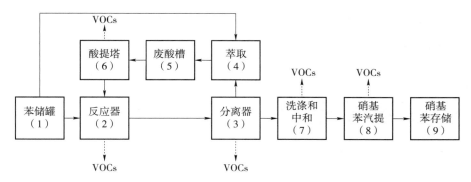

图 1-18　苯硝化反应制硝基苯生产工艺流程与 VOCs 排放环节示意

⑥肟化反应、水解反应

• 主要产品：己内酰胺等。

• 以环己酮、氨为原料肟化反应制己内酰胺生产工艺（图 1-19）为例：环己酮纯化、中和反应器、相分离器、溶剂回收塔和汽提塔的尾气，宜采用冷凝等处理技术；脱氢反应器尾气宜作为燃料回收（锅炉或工艺加热炉）或送燃料气系统；硫酸铵干燥、冷却、筛分、储存和装载的尾气，宜采用水吸收等处理技术。

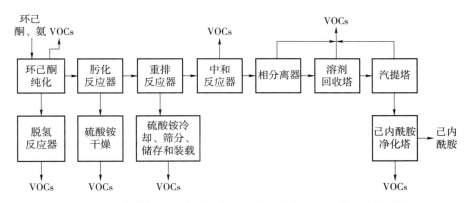

图 1-19　氨肟化法制己内酰胺生产工艺流程与 VOCs 排放环节示意

⑦水合反应

• 主要产品：乙二醇等。

● 以非催化环氧乙烷加压水合制乙二醇生产工艺（图 1-20）为例：乙二醇尾气宜采用冷凝等处理技术。

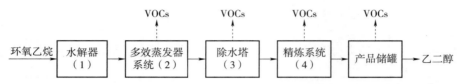

图 1-20　典型的非催化环氧乙烷加压水合制乙二醇生产工艺流程与 VOCs 排放环节示意

⑧烷基化和脱氢反应

● 主要产品：乙苯、苯乙烯等。

● 以苯、乙烯为原料烷基化脱氢制乙苯／苯乙烯生产工艺（图 1-21）为例：烷基化反应尾气宜送工艺加热炉焚烧；其他反应器尾气宜送燃料气系统。

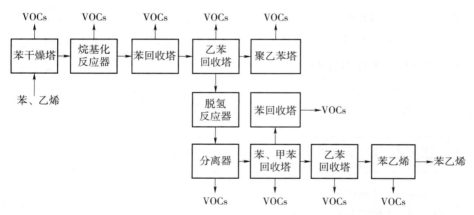

图 1-21　烷基化脱氢制乙苯／苯乙烯生产工艺流程与 VOCs 排放环节示意

⑨羰基合成反应

主要产品：正丁醇、辛醇等。

以丙烯甲酰化制正丁醇／辛醇生产工艺（图 1-22）为例：甲酰化反应器尾气宜送锅炉或工艺加热炉燃烧；异丁醛加氢反应器、加氢反应器、丙烯回收塔的尾气宜送燃料气系统。

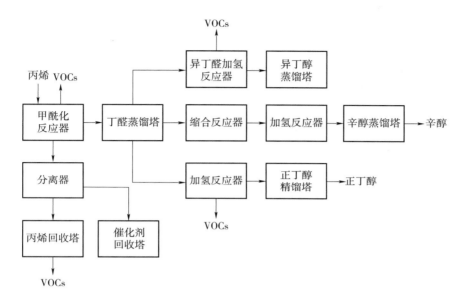

图 1-22 丙烯甲酰化制正丁醇/辛醇生产工艺流程与 VOCs 排放环节示意

⑩过氧化反应、裂解反应

• 主要产品：苯酚、丙酮等。

• 以异丙苯过氧化、裂解制苯酚、丙酮生产工艺（图 1-23）为例：异丙苯氧化尾气宜采用活性炭吸附等处理技术；CHP 浓缩塔尾气宜采用冷凝等处理技术；轻烃回收塔尾气宜送锅炉或工艺加热炉燃烧；粗制丙酮塔、丙酮精馏塔尾气宜采用水吸收等处理技术；其他精馏塔尾气宜送燃料气系统。

⑪煤基合成气制乙二醇生产工艺

• 主要产品：乙二醇等。

• 碳氢分离器尾气宜送锅炉或工艺加热炉燃烧；乙二醇合成装置、亚硝酸甲酯回收塔尾气宜采用吸收等处理技术；乙二醇合成装置尾气宜采用吸收、热氧化等处理技术。

煤基合成气制乙二醇生产工艺流程与主要 VOCs 排放环节见图 1-24。

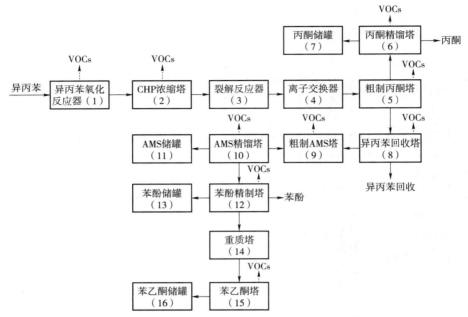

图 1-23　**Allied 制苯酚和丙酮生产工艺流程与 VOCs 排放环节示意**

图 1-24　**煤基合成气制乙二醇生产工艺流程与 VOCs 排放环节示意**

⑫其他工艺

• 参见石油炼制。

c.初级形态塑料及合成树脂、合成纤维单（聚合）体、合成橡胶制造

——源头削减

• 聚丙烯浆液生产工艺宜使用高效催化剂，高效催化剂残余量非常小，无须额外的工艺设备去除和回收催化剂，可减少 VOCs 排放。

——末端治理

①聚乙烯

• 高压工艺生产低密聚乙烯（图 1-25）：反应器应急排口、干燥、颗粒储存等废气，宜统一收集后，采用 TO、RTO 等处理技术。

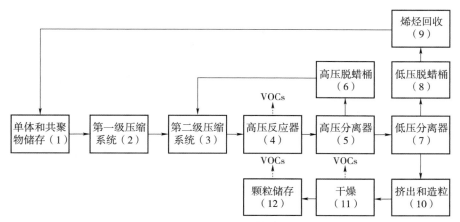

图 1-25　高压工艺生产低密聚乙烯流程与 VOCs 排放环节示意

• 溶液工艺生产高密聚乙烯（图 1-26）：乙烯单体制备、催化剂制备、压缩机、反应器、分离器、乙烯回收、溶剂回收、产品挤出、蒸气汽提等废气，宜统一收集后，采用 TO、RTO 等处理技术。

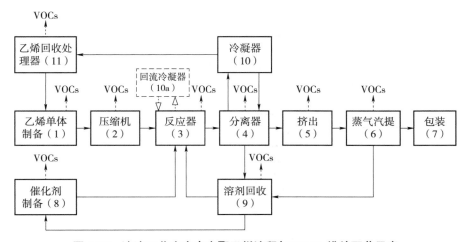

图 1-26　溶液工艺生产高密聚乙烯流程与 VOCs 排放环节示意

②聚丙烯

• 浆液工艺生产聚丙烯（图 1-27）：反应器应急排口废气宜送燃料气系统；催化剂制备、反应器、脱催化剂 / 洗涤、浆液过滤 / 真空系统、稀释剂分离和回收、干燥、挤压造粒等废气，宜统一收集后，采用 TO、RTO 等处理技术。

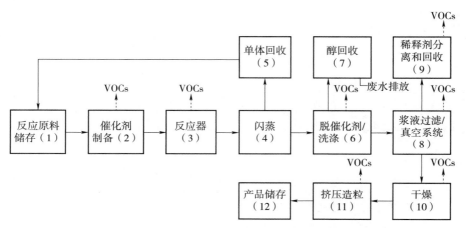

图 1-27　浆液工艺生产聚丙烯流程与 VOCs 排放环节示意

• 气相工艺生产聚丙烯（图 1-28）：反应器废气宜送燃料气系统；洗涤器废气宜采用 RTO 等处理技术。

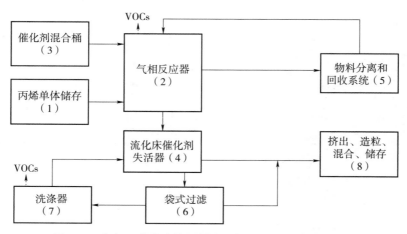

图 1-28　气相工艺生产聚丙烯流程与 VOCs 排放环节示意

③ PET 树脂

• PET/DMT 工艺（图 1-29）：甲醇回收段废气宜采用冷凝回收等处理技术；反应器废气宜采用水吸收 + 蒸馏或 TO 等处理技术。

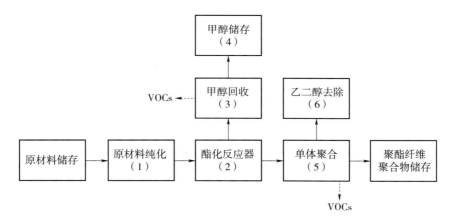

图 1-29　PET/DMT 工艺流程与 VOCs 排放环节示意

• PET/PTA 工艺（图 1-30）：酯化反应器、聚合反应器废气宜统一收集后，采用 TO、RTO 等处理技术。

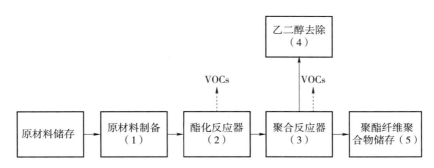

图 1-30　PET/PTA 工艺流程与 VOCs 排放环节示意

④聚碳酸酯

• 光气法工艺生产聚碳酸酯（图 1-31）：反应器、干燥等废气宜采用 TO + 碱洗等处理技术。

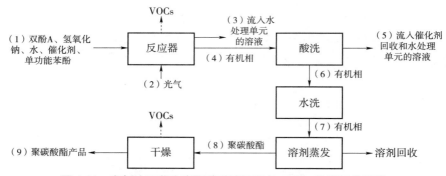

图 1-31　光气法工艺生产聚碳酸酯流程与 VOCs 排放环节示意

● 非光气法工艺生产聚碳酸酯（图 1-32）：添加剂混合系统、干燥、挤出、包装等废气宜采用 TO 等处理技术。

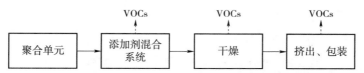

图 1-32　非光气法工艺生产聚碳酸酯流程与 VOCs 排放环节示意

⑤乳化聚合

● 反应器、闪蒸罐、离心机、干燥器、汽提塔、脱水等废气宜统一收集后，采用 TO、RTO 等处理技术。

乳化聚合生产工艺流程与主要 VOCs 排放环节见图 1-33。

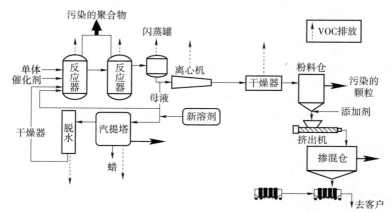

图 1-33　乳化聚合生产工艺流程与主要 VOCs 排放环节示意

⑥合成橡胶

• 单体储存、单体净化、聚合反应、轻质单体分离、重质单体分离、洗涤、干燥、整理等废气宜统一收集后，采用 TO、RTO 等处理技术。

合成橡胶制造生产工艺流程与 VOCs 排放环节见图 1-34。

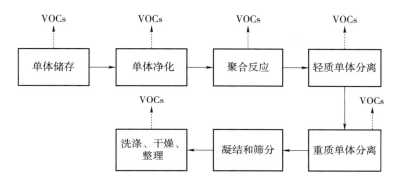

图 1-34　合成橡胶制造生产工艺流程与 VOCs 排放环节示意

⑦其他工艺

• 含卤工艺废气统一收集后，宜采用 TO/RTO＋碱洗等处理技术；非含卤工艺废气统一收集后，宜采用 TO、RTO 等处理技术。

• 含水溶性物质废气可水洗处理。

• 含甲醇、乙二醇废气可冷凝回收处理。

（6）其他源项

• 火炬、防腐防水涂装、非正常工况、含 VOCs 危险废物暂存库等控制技术参见石油炼制。

3. 监测监控

• 严格执行《排污单位自行监测技术指南　石油化学工业》（HJ 947—2018）等规定的自行监测管理要求。

• 其他相关要求参见本书第 4 部分。

4. 台账记录

- 参见石油炼制。

5. 旁路整治

- 参见石油炼制。

二、化工行业

（一）现代煤化工

- 现代煤化工是指以煤为原料通过技术和加工手段生产替代石化产品和清洁燃料的产业。主要涉及《国民经济行业分类》（GB/T 4754—2017）中规定的煤制合成气生产（C2522）、煤制液体燃料生产（C2523）等。

- 煤制油（直接液化工艺）是煤在高温高压条件下，通过催化加氢直接合成液体燃料的过程。

- 煤制合成气／天然气、煤制甲醇／二甲醚、煤制烯烃、煤制乙二醇、煤制油（间接液化工艺）等工艺过程均以煤气化工艺为龙头，经变换、净化工段产生并有效组成一氧化碳和氢气的净化气，以净化气为原料，通过费托合成、甲醇合成、甲烷化等合成气转化工序以及相应的精制提纯工序后得到天然气、甲醇、二甲醚、乙二醇、烯烃、液体燃料等目标产品的过程。

- 现代煤化工 VOCs 排放主要来自挥发性有机液体储罐、挥发性有机液体装载、工艺过程、设备与管线组件泄漏、敞开液面等源项。

现代煤化工生产工艺流程与 VOCs 排放环节见图 1-35。

1. 控制要求

- VOCs 排放应满足《大气污染物综合排放标准》（GB 16297—1996）、《挥发性有机物无组织排放控制标准》（GB 37822—2019）。

- 有更严格的地方排放控制标准的，应执行地方标准。

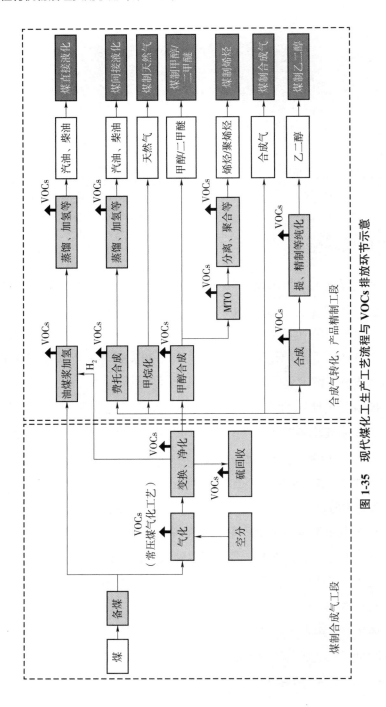

图 1-35 现代煤化工生产工艺流程与 VOCs 排放环节示意

2. 控制技术

（1）设备与管线组件

• 参见石油炼制。

（2）挥发性有机液体储罐

a. 源头削减

• 控制储存物料的真实蒸气压，应依据真实蒸气压选择适宜的储罐罐型。推荐使用浮顶罐，严格控制浮盘边缘缝隙，并增加浮盘缝隙补偿量报告记录。增加对有机液体储罐的浮盘密封、呼吸阀、人孔、泡沫发生器等配件的排查次数。

• 一级密封圈与分离器壁之间的缝隙小于 212 cm²/m 储罐直径，或一级密封圈与分离器之间任一缝隙的任一部分的宽度小于 3.81 cm。

• 二级密封圈与分离器壁之间的缝隙小于 21.2 cm²/m 储罐直径，或二级密封圈与储罐壁之间任一缝隙的任一部分的宽度小于 1.27 cm。

• 对缝隙的检测，主要采用塞尺来进行测量，在储罐完成测压验收阶段或是储罐的大检修阶段，采用六点式距离测量。

• 固定顶罐或建有机废气治理设施的内浮顶罐宜配备压力监测设备，当罐内压力低于 50% 设计开启压力时，呼吸阀、紧急泄压阀泄漏检测值不宜超过 2 000 μmol/mol。

b. 过程控制

• 各装置间宜采用直供料，减少倒罐次数。

• 宜采取平衡控制进出罐流量的方法，调整收发料程序，确保储罐合理的留空高度。

• 罐体应保持完好，不应有孔洞、缝隙（除内浮顶罐边缘通气孔外）或破损。

• 储罐附件开口（孔）除采样、计量、例行检查、维护和其他正常活动外，应密闭；应定期检查呼吸阀的定压是否符合设定要求。

• 浮顶罐浮顶边缘密封不应有破损，支柱、导向装置等附件穿过浮盘时，应采取密封措施。应定期检查边缘呼吸阀定压是否符合设定要求。

- 内浮顶罐浮盘与罐壁之间应采用液体镶嵌式、机械式鞋形、双封式等高效密封方式，增加二级密封。

- 外浮顶罐浮盘与罐壁之间应采用二级密封，且初级密封采用液体镶嵌式、机械式鞋形等高效密封方式。

- 加强人孔、清扫孔、量油孔、浮盘支腿、边缘密封、泡沫发生器等部件的密封性，强化储罐罐体及废气收集管线的动静密封点检测与修复。

- 宜采用油品在线调和技术。

- 含溶解性油气、硫化氢、氨的物料（如酸性水、粗汽油、粗柴油等），在长距离、高压输送进入常压罐前，宜经过脱气罐回收释放气体，避免闪蒸损失。

c. 末端治理

- 真实蒸气压≥27.6 kPa但＜76.6 kPa且储罐容积≥75 m^3 的挥发性有机液体储罐，以及重点地区储存真实蒸气压≥5.2 kPa但＜27.6 kPa且储罐容积≥150 m^3 的挥发性有机液体储罐，若采用固定顶罐，应安装密闭排气系统至有机废气回收或处理装置，或采取其他等效措施。

- 可采用吸收、吸附、冷凝、膜分离等 A 类回收组合技术以及与蓄热式燃烧、蓄热式催化燃烧、催化燃烧等 B 类破坏技术的组合技术，如 A+A、A+A+A、A+B、A+A+B 等。

（3）挥发性有机液体装载

- 参见石油炼制。

（4）敞开液面

a. 源头削减

- 含 VOCs 废水优先采用密闭管道输送，接入口和排出口采取与空气隔离的措施。

- 通过密闭管道等措施逐步替代地漏、沟、渠、井等敞开式集输方式，减少集水井、含油污水池数量。

- 低温甲醇洗装置甲醇废水、甲醇制烯烃装置汽提塔废水应尽量降低 VOCs 浓度。

　b. 过程控制

- 密闭空间最远端实现微负压（≥10 mm 水柱压差）操作条件，尾气集中收集处理。

- 集水井或无移动部件隔油池可安装浮动顶盖或固定顶盖。

- 含 VOCs 废水采用沟渠输送的，若敞开液面上方 100 mm 处 VOCs 监测浓度≥200 μmol/mol（重点地区≥100 μmol/mol）时，应加盖密闭，接入口和排出口采取与空气隔离的措施。

- 含 VOCs 废水储存和处理设施敞开液面上方 100 mm 处 VOCs 监测浓度≥200 μmol/mol（重点地区≥100 μmol/mol）时，应采用浮动顶盖，或采用固定顶盖，收集至 VOCs 废气收集处理系统。顶盖应具有防腐性能，密闭盖板应接近液面，负压收集。

- 优化气浮池运行，严格控制气浮池出水中浮油含量。

- 宜采用密闭式循环水冷却系统；对于开式循环冷却水系统，每 6 个月对流经换热器进口和出口的循环冷却水中的总有机碳（TOC）浓度进行检测，若出口浓度大于进口浓度 10%，应进行泄漏源修复与记录。

　c. 末端治理

- 污水处理厂集水井（池）、调节池、隔油池、气浮池、混入含油浮渣的浓缩池等产生的高浓度 VOCs 废气宜单独收集治理，采用预处理 + 催化氧化、焚烧等高效处理工艺。

- 好氧生物处理设施等低浓度废气可采用洗涤 + 吸附法、生物脱臭、焚烧法等处理技术。

- 装置区含油污水提升井（池）废气收集处理，优先考虑使用现有设施处置 VOCs，现有设施一般包括工艺加热炉、蒸汽过热锅炉等。加热炉、锅炉停工检修时，采用活性炭罐吸附，建议企业自建活性炭再生设施，使活性炭罐可循环使用。吸附饱和后的活性炭不能作为一般固体废物处置。

（5）工艺过程

a. 源头削减

- 宜采用全密闭、连续化、自动化等生产技术，以及高效工艺与设备装置。

b. 过程控制

- 采用固定床常压间歇煤气化工艺的，造气废水沉淀池等废气应密闭收集处理，造气循环水集输、储存、处理系统应封闭，收集的废气送至三废炉或其他设施处理。吹风气、弛放气应全部收集利用。

- 尽可能减少使用不规则的排口排气，正常工况下，精馏塔顶不凝气、酸性水罐及其他装置罐区等储罐罐顶气送至低压瓦斯系统。

c. 末端治理

- 重整催化剂再生烟气脱氯后可采用焚烧、催化燃烧等处理技术。

- 固定床常压气化工艺造气废水沉淀池废气可采用焚烧处理技术。

- 低温甲醇洗二氧化碳放空尾气可采用水洗或热氧化（碎煤加压气化）处理技术。

- 用低温甲醇洗过的高浓度二氧化碳废气作为载气输送煤粉的干煤粉气流床气化装置的粉煤仓过滤器尾气，可采用水洗的处理技术去除尾气中的甲醇。

- 乙二醇合成装置亚硝酸甲酯回收塔尾气可采用吸收法处理技术。

- 乙二醇合成装置尾气可采用吸收、热氧化等处理技术。

- 煤间接液化油品合成装置尾气可采用热氧化处理技术。

- 酸性水汽提装置含硫污水储罐尾气收集后可采用焚烧处理的技术。

- 煤直接液化油渣成型装置尾气可采用吸收处理技术。

（6）其他源项

a. 源头削减

- 防腐防水涂装过程：可采用低VOCs含量涂料替代溶剂型涂料，新建钢结构及设备等宜集中密闭喷涂。

- 非正常工况：制定开停车、检维修、生产异常等非正常工况的操作规程和污染控制措施。应稳定操作，避免非正常工况发生。

- 开停工过程中应优化停工退料工序，合理使用各类资源、能源。

b. 过程控制

- 火炬：在任何时候，VOCs 和恶臭物质进入火炬都应能点燃并充分燃烧，禁止熄灭火炬系统长明灯，设置视频监控装置。

- 含 VOCs 危废暂存库：满足《危险废物贮存污染控制标准》(GB 18597—2001)，并及时清运。

c. 末端治理

- 非正常工况：生产装置吹扫过程应优先采用密闭吹扫工艺，以最大限度地回收物料，减少排放；选用适宜的清洗剂和吹扫介质，扫气应接入有机废气回收或处理装置，可采用冷凝、吸附、吸收、催化燃烧等处理技术。在难以建立密闭蒸罐、清洗、吹扫产物密闭排放管网的情况下，采用移动式设备处理检修过程排放废气。生产设备在非正常工况下通过安全阀排出的含 VOCs 废气应接入有机废气回收或处理装置。

3. 监测监控

- 严格执行《排污许可证申请与核发技术规范　煤炭加工—合成气和液体燃料生产》(HJ 1101—2020)、《排污单位自行监测技术指南　总则》(HJ 819—2017) 规定的自行监测管理要求，2015 年 1 月 1 日（含）后取得环境影响评价审批意见的企业，应根据审批意见的要求同步完善自行监测方案。

- 其他相关要求参见本书第 4 部分。

4. 台账记录

- 参见石油炼制。

5. 旁路整治

- 参见石油炼制。

（二）炼焦

- 炼焦是指炼焦煤按生产工艺和产品要求配比后，装入隔绝空气的密闭炼焦炉内，经高温、中温、低温干馏转化为焦炭、焦炉煤气和化学产品的工艺过程。主要涉及《国民经济行业分类》（GB/T 4754—2017）中规定的炼焦（C2521）等。

• 炼焦化学工业 VOCs 排放主要来自炼焦、化产回收（煤气净化）、废水处理三个工段，以炼焦和化产回收工段为主、废水处理工段为辅。

• 炼焦工段 VOCs 排放主要来自焦炉烟囱、装煤 / 推焦除尘站排气筒以及焦炉炉体荒煤气逸散。

• 化产回收工段 VOCs 排放主要来自冷鼓、硫铵、粗苯、脱硫工序中的各类非密闭型槽、分离器等装置的物料蒸散，以及副产品（粗苯、焦油）存储和装载等。

• 废水处理工段 VOCs 排放主要来自预处理工艺含油废水的无组织挥发等。

炼焦生产、焦炉煤气净化工艺流程与 VOCs 排放环节见图 1-36、图 1-37。

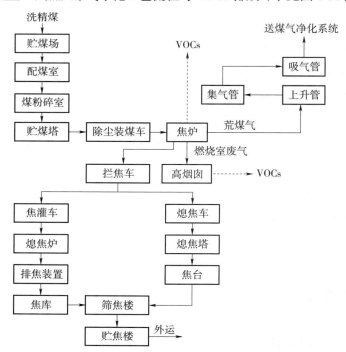

图 1-36　炼焦生产工艺流程与 VOCs 排放环节示意

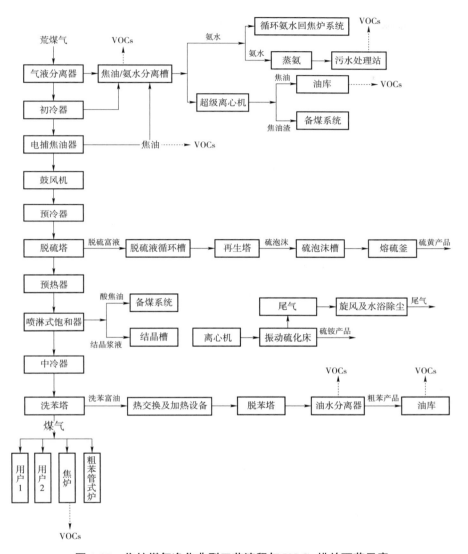

图 1-37　焦炉煤气净化典型工艺流程与 VOCs 排放环节示意

1. 控制要求

• VOCs 排放应满足《炼焦化学工业污染物排放标准》（ GB 16171—

2012 ）、《挥发性有机物无组织排放控制标准》（ GB 37822—2019 ）。

• 有更严格的地方排放控制标准的，应执行地方标准。

2. 控制技术

（1）设备与管线组件

● 参见石油炼制。

（2）挥发性有机液体储罐

● 参见石油炼制。

（3）挥发性有机液体装载

● 参见石油炼制。

（4）敞开液面

a. 过程控制

● 蒸氨废水、筛焦及备煤排水、煤气净化车间排水、各工段油槽分离水及地下放空槽的放空液、甲醇精馏污水等炼焦废水，采用密闭管道输送；如采用沟渠输送，若敞开液面上方 100 mm 处 VOCs 检测浓度≥200 μmol/mol（重点地区≥100 μmol/mol），应加盖密闭。废水集输系统的接入口和排出口应采取与环境空气隔离的措施。

● 含 VOCs 废水储存和处理设施敞开液面上方 100 mm 处 VOCs 检测浓度≥200 μmol/mol（重点地区≥100 μmol/mol），应采用浮动顶盖、固定顶盖或其他等效措施。

● 盖板宜选择具有防腐性能的材料，接近液面。加盖密闭后内部保持微负压状态，可采用"U"形管或密封膜现场检测方法排查负压情况。

● 采用湿熄焦工艺的，禁止使用未经处理或处理不达标的废水熄焦。

● 对于开式循环冷却水系统，每 6 个月对流经换热器进口和出口的循环冷却水中的总有机碳（TOC）浓度进行检测，若出口浓度大于进口浓度10%，应进行泄漏源修复与记录。

b. 末端治理

● 炼焦废水逸散废气收集后，宜引回焦炉燃烧或采用高效（组合）脱臭工艺处理。

（5）工艺过程

a. 源头削减

• 推行焦炉大型化和钢铁联合化，提高 6 m 以上大型焦炉产能占比。

• 提高焦炉机械化、自动化水平，减少装煤和推焦的次数，减少炉门、上升管和装煤孔数量，缩短密封面的总长度。

• 优先采用干熄焦。

• 推行化产回收装置密闭化设计和改造，冷鼓工序包括初冷器水封槽、上下段冷凝循环槽、风机水封槽、电捕水封槽、循环氨水槽、焦油氨水分离器等装置，粗苯工序包括粗苯回流槽、粗苯中间槽、粗苯残渣槽等装置。

b. 过程控制

• 新建焦炉宜采用炭化室压力调节技术，保持装煤期间炭化室处于微负压状态。

• 装煤孔盖应采用密封结构，增加装煤孔盖的严密性，并用特制泥浆密封炉盖与盖座的间隙；上升管可采用水封装置、桥管承插口可采用中温沥青密封；上升管根部采用编织石棉绳填塞，特制泥浆封闭；炉门应采用弹簧刀边炉门、厚炉门框、大保护板等，防止炉门泄漏。

• 加强焦炉密封性检查，对变形的炉门、炉顶炉盖应及时修复更换。

• 加强焦炉工况监督，对焦炉墙串漏应及时修缮。

• 装煤过程中，应定期检查高压氨水压力值、除尘盖板密封性、装煤车内导套与装煤口密封性。

• 对冷鼓工序的地下放空槽、预分离器、焦油渣槽、焦油中间槽等，硫铵工序的母液槽、酸焦油渣槽、硫酸高值槽、满流槽、结晶槽等，脱硫工序的脱硫液循环槽、脱硫泡沫槽、熔硫釜、脱硫再生装置等，鼓励加装负压废气收集装置。

c. 末端治理

• 冷鼓、脱硫、硫铵、粗苯、油库等各类储槽通过呼吸阀挥发出的废气进行收集后，接至煤气负压管道，引入煤气负压系统混配到煤气中，利用完整的煤气净化工艺对尾气进行净化；或采取燃烧、吸收＋吸附等处理技术。

（6）其他源项

• 参见现代煤化工。

3. 监测监控

• 严格执行《排污单位自行监测技术指南　钢铁工业及炼焦化学工业》（HJ 878—2017）、《排污单位自行监测技术指南　总则》（HJ 819—2017）规定的自行监测管理要求。

• 其他相关要求参见本书第 4 部分。

4. 台账记录

• 参见石油炼制。

5. 旁路整治

• 对于直排旁路以及其他以偷排偷放为目的的旁路，应采取彻底拆除、切断、物理隔离等方式取缔。

• 焦炉集气管放散管的排出口应设置自动点火装置。

• 其他相关要求参见石油炼制。

（三）制药

• 制药是指采用化学合成技术、生物发酵技术以及提取技术等生产化学药物的生产活动。主要涉及《国民经济行业分类》（GB/T 4754—2017）中规定的化学药品原料药制造（C271）、兽用药品制造（C275）、生物药品制品制造（C276）以及医药中间体、药物研发机构等。

• 制药工业 VOCs 排放主要来自配料、发酵、反应、干燥、溶剂回收、物料储存、装卸、废水收集处理、设备与管线组件泄漏等工序。

发酵类制药、化学合成制药、提取类制药生产工艺流程与 VOCs 排放环节见图 1-38～图 1-40，制药工业生产装置与 VOCs 排放环节见图 1-41。

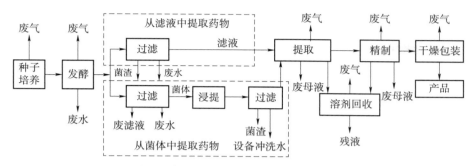

图 1-38　发酵类制药生产工艺流程与 VOCs 排放环节示意

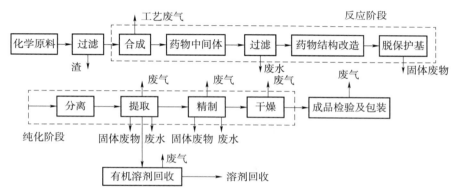

图 1-39　化学合成制药生产工艺流程与 VOCs 排放环节示意

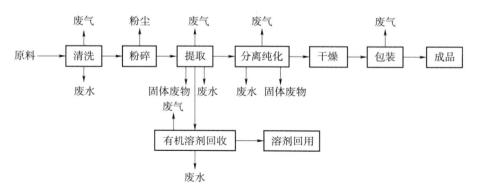

图 1-40　提取类制药生产工艺流程与 VOCs 排放环节示意

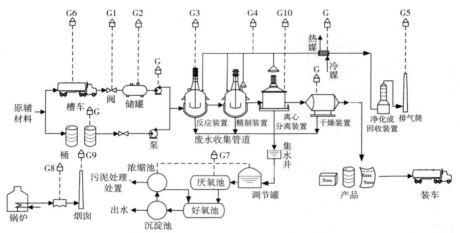

G1——设备动静密封点污染源；G2——有机液体储罐污染源；G3——工艺无组织污染源；G4——采样过程污染源；G5——工艺有组织污染源；G6——有机液体装卸污染源；G7——废水收集及处理系统污染源；G8——冷却塔、循环水冷却系统污染源；G9——燃烧烟气污染源；G10——非正常生产工况（含开停车及检修）污染源

图 1-41　制药工业生产装置与 VOCs 排放环节示意

1. 控制要求

• VOCs 排放应满足《制药工业大气污染物排放标准》（GB 37823—2019）。

• 有更严格的地方排放控制标准的，应执行地方标准。

2. 控制技术

（1）设备与管线组件

a. 源头削减

• 正常工作状态，系统处于负压状态。

• 可采用屏蔽泵、磁力泵、隔膜泵、波纹管泵、密封隔离液所受压力高于工艺压力的双端面机械密封泵或具有同等效能的泵。

• 可采用屏蔽压缩机、磁力压缩机、隔膜压缩机、密封隔离液所受压力高于工艺压力的双端面机械密封压缩机或具有同等效能的压缩机。

• 可采用屏蔽搅拌机、磁力搅拌机、密封隔离液所受压力高于工艺压力的双端面机械密封搅拌机或具有同等效能的搅拌机。

• 可采用屏蔽阀、隔膜阀、波纹管阀或具有同等效能的阀，以及上游配有爆破片的泄压阀。

• 设备与管线组件宜配备密封失效检测和报警系统。

• 开口阀或开口管线应配备合适尺寸的盲法兰、盖子、塞子或二次阀；采用二次阀，应在关闭二次阀之前关闭管线上游的阀门。

• 对企业内污染严重、服役时间长的生产装置和管道系统进行升级改造。

• 宜采用焊接代替法兰、选用无泄漏或泄漏量小的机泵和管阀件等设备。

b. 过程控制

• 应识别载有气态 VOCs 物料、液态 VOCs 物料的设备和管线组件的密封点，建立企业密封点档案和制订泄漏检测与修复计划。

• 载有气态 VOCs 物料、液态 VOCs 物料的设备与管线组件的密封点≥2 000 个，应开展泄漏检测与修复工作。

• 应按要求频次对设备与管线组件的密封点进行 VOCs 泄漏检测：对设备与管线组件的密封点每周进行目视观察，检查其密封处是否出现可见泄漏现象；泵、压缩机、搅拌器（机）、阀门、开口阀或开口管线、泄压设备、取样连接系统至少每 6 个月检测一次；法兰及其他连接件、其他密封设备至少每 12 个月检测一次；对于直接排放的泄压设备，在非泄压状态下进行泄漏检测；直接排放的泄压设备泄压后，应在泄压之日起 5 个工作日内，对泄压设备进行泄漏检测；设备与管线组件初次启用或检维修后，应在 90 日内进行泄漏检测。

• 当检测到发生泄漏时，对泄漏源应予以标识并及时修复。发现泄漏之日起 5 日内应进行首次修复，除装置停车（工）条件下才能修复、立即修复存在安全风险或其他特殊情况外，应在发现泄漏之日起 15 日内完成修复。

• 鼓励企业提高泄漏认定标准。

- 对在用泵、备用泵、调节阀、搅拌器、开口管线等密封点加强巡检。

- 可定期采用红外成像仪或使用加长杆对不可达密封点进行泄漏筛查。

c. 末端治理

- 在工艺和安全许可的条件下，泄压设备泄放的气体应接入 VOCs 废气收集处理系统。

- 气态 VOCs 物料和挥发性有机液体取样连接系统可接入 VOCs 废气收集处理系统。

（2）挥发性有机液体储罐

a. 源头削减

- 依据储存物料的真实蒸气压，选择适宜的储罐罐型。

- 储存真实蒸气压≥76.6 kPa 的挥发性有机液体储罐，应采用低压罐、压力罐或其他等效措施。

- 储存真实蒸气压≥10.3 kPa 但<76.6 kPa 且储罐容积≥30 m³（重点地区：储存真实蒸气压≥10.3 kPa 但<76.6 kPa 且储罐容积≥20 m³，以及储存真实蒸气压≥0.7 kPa 但<10.3 kPa 且储罐容积≥30 m³）的挥发性有机液体储罐，应采用浮顶罐、固定顶罐、气相平衡系统或其他等效措施。

- 鼓励使用低泄漏的储罐呼吸阀、紧急泄压阀；固定顶罐或建设有机废气治理设施的内浮顶罐宜配备压力监测设备，当罐内压力低于 50% 设计开启压力时，呼吸阀、紧急泄压阀泄漏检测值不宜超过 2 000 μmol/mol。

b. 过程控制

- 内浮顶罐：浮顶与罐壁之间应采用浸液式密封、机械式鞋形密封等高效密封方式。

- 外浮顶罐：浮顶与罐壁之间应采用双重密封，且一次密封应采用浸液式密封、机械式鞋形密封等高效密封方式。

- 浮顶罐：浮顶罐罐体应保持完好，不应有孔洞、缝隙（除内浮顶罐边缘通气孔外）；浮顶边缘密封不应有破损；储罐附件开口（孔），除采样、计量、例行检查、维护和其他正常活动外，应密闭；支柱、导向装置等储罐附件穿过浮顶时，应采取密封措施；除储罐排空作业外，浮顶应始终漂浮于储存物料的表面；自动通气阀在浮顶处于漂浮状态时应关闭且密封良好，仅在浮顶处于支撑状态时开启；边缘呼吸阀在浮顶处于漂浮状态时应密封良好，并定期检查定压是否符合设定要求；除自动通气阀、边缘呼吸阀外，浮顶的外边缘板及所有通过浮顶的开孔接管均应浸入液面下。

- 固定顶罐：固定顶罐罐体应保持完好，不应有孔洞、缝隙；储罐附件开口（孔），除采样、计量、例行检查、维护和其他正常活动外，应密闭；定期检查呼吸阀的定压是否符合设定要求。

- 加强人孔、清扫孔、量油孔、浮盘支腿、边缘密封、泡沫发生器等部件密封性管理，宜将储罐的密封点纳入设备与管线组件检测计划中，强化储罐罐体及废气收集管线的动静密封点检测与修复。

c. 末端治理

- 储存真实蒸气压≥10.3 kPa 但＜76.6 kPa 且储罐容积≥30 m³（重点地区：储存真实蒸气压≥10.3 kPa 但＜76.6 kPa 且储罐容积≥20 m³，以及储存真实蒸气压≥0.7 kPa 但＜10.3 kPa 且储罐容积≥30 m³）的挥发性有机液体储罐，若采用固定顶罐，应对排放的废气进行收集处理。

- 可采用吸收、吸附、冷凝、膜分离等 A 类回收组合技术以及与蓄热式燃烧、蓄热式催化燃烧、催化燃烧等 B 类破坏技术的组合技术，如 A+A、A+A+A、A+B、A+A+B 等。

（3）挥发性有机液体装载

a. 过程控制

- 含 VOCs 物料输送原则上采用重力流或泵送方式。

- 液体 VOCs 物料应采用密闭管道输送。采用非管道输送方式转移液体 VOCs 物料时，应采用密闭容器、罐车。

- 粉状、粒状 VOCs 物料应采用气力输送设备、管状带式输送机、螺旋输送机等密闭输送方式，或采用密闭的包装袋、容器或罐车进行物料转移。

- 严禁喷溅式装载挥发性有机液体，应采用底部装载方式，若采用顶部浸没式装载，出料管口距离槽（罐）底部高度应小于 200 mm。

- 有机液体进料鼓励采用底部、浸入管给料方式；固体物料投加逐步推进采用密闭式投料装置。

b. 末端治理

- 装载物料真实蒸气压≥27.6 kPa 且单一年装载量≥500 m³（重点地区：装载物料真实蒸气压≥27.6 kPa 且单一年装载量≥500 m³，以及装载物料真实蒸气压≥5.2 kPa 但＜27.6 kPa 且单一装载设施的年装载量≥2 500 m³）的装载过程排放的废气，应收集处理或连接至气相平衡系统。

- 可采用吸收、吸附、冷凝、膜分离等 A 类回收组合技术以及与蓄热式燃烧、蓄热式催化燃烧、催化燃烧等 B 类破坏技术的组合技术，如 A+A、A+A+A、A+B、A+A+B 等。

- 甲醇、乙醇等易溶于水的化学品装载作业排气，宜采用水吸收或吸收＋催化燃烧等处理技术。

（4）敞开液面

a. 过程控制

- 制药生产排放的废水采用密闭管道输送；如采用沟渠输送，化学药品原料药制造、兽用药品原料药制造和医药中间体（重点地区还包括生物药品制品制造和药物研发机构）生产排放的废水应加盖密闭，其他制药废水若敞开液面上方 100 mm 处 VOCs 检测浓度≥200 μmol/mol（重点地区≥100 μmol/mol），应加盖密闭。废水集输系统的接入口和排出口应采取与环境空气隔离的措施。

- 化学药品原料药制造、兽用药品原料药制造和医药中间体（重点地区还包括生物药品制品制造和药物研发机构）生产的废水储存、处理设施，在曝气池及其之前应加盖密闭，或采取其他等效措施。其他制药若含 VOCs 废水储存和处理设施敞开液面上方 100 mm 处 VOCs 检测浓度≥200 μmol/mol（重点地区≥100 μmol/mol），应采用浮动顶盖、固定顶盖或其他等效措施。

- 盖板宜选择具有防腐性能的材料，接近液面。加盖密闭后内部保持微负压状态，可采用"U"形管或密封膜现场检测方法排查负压情况。

- 宜采用密闭式循环水冷却系统；对开式循环冷却水系统，每 6 个月对流经换热器进口和出口的循环冷却水中的总有机碳（TOC）浓度进行检测，若出口浓度大于进口浓度的 10%，应进行泄漏源修复与记录。

b. 末端治理

- 除化学药品原料药制造、兽用药品原料药制造和医药中间体（重点地区还包括生物药品制品制造和药物研发机构）以外，其他制药生产的废水储存、处理设施若敞开液面上方 100 mm 处 VOCs 检测浓度≥200 μmol/mol（重点地区≥100 μmol/mol），如采用固定顶盖，应收集废气至 VOCs 废气收集处理系统。

- 收集废气可采用焚烧法或吸收、氧化、生物法等组合工艺进行处理。

（5）工艺过程

a. 源头削减

①生产工艺

- 鼓励使用非卤代烃和非芳香烃类溶剂，生产水基、乳液、颗粒产品。

- 宜采用生物酶法合成技术。

- 宜使用低（无）VOCs 含量或低反应活性的溶剂。

- 宜采用全密闭、连续化、自动化等生产技术。

②生产设备

- 反应釜：常压带温反应釜上配备冷凝或深冷回流装置回收，不凝性废气有效收集至 VOCs 废气处理系统。

- 固液分离设备：鼓励采用全自动密闭离心机、下卸料式密闭离心机、吊袋式离心机、多功能一体式压滤机、高效板式密闭压滤机、隔膜式压滤机、全密闭压滤罐等，建议淘汰三足式离心机、敞口抽滤槽、明流式板框压滤机。产品物料属性等原因造成无法采用上述固液分离设备时，对相关生产区域进行密闭隔离，采用负压排气将无组织废气收集至 VOCs 废气处理系统。

b. 过程控制

①输送

• 废气收集系统的输送管道应密闭并在负压下运行，若处于正压状态，对输送管道组件的密封点进行泄漏检测，泄漏检测值不应超过 500 mmol/mol。废气收集系统应综合考虑防火、防爆、防腐蚀、耐高温、防结露、防堵塞等问题。

• 含 VOCs 物料的储存、输送，涉及 VOCs 物料的生产及含 VOCs 产品分装等过程宜密闭操作。

• 挥发性有机液体原料、中间产品、成品等转料宜采用高位槽或采用无泄漏物料泵替代真空转料。

• 采用氮气或压缩空气压料等方式输送液体物料时，输送排气应有效收集至 VOCs 废气处理系统。

• 储罐存储的原辅物料鼓励优先采用密闭管道输送至生产装置。

②投料

• 易产生 VOCs 的固体物料宜采用固体粉料自动投料系统、螺旋推进式投料系统等密闭投料装置；若难以实现密闭投料的，应将投料口密闭隔离，采用负压排气将投料尾气有效收集至 VOCs 废气处理系统。

• 宜采用无泄漏泵或高位槽（计量槽）投加，替代真空抽料，进料方式采用底部给料或浸入管给料，顶部添加液体采用导管贴壁给料；采用高位槽/中间罐投加物料时，配置蒸气平衡管，使投料尾气形成闭路循环，消除投料过程无组织排放；若难以实现的，应将投料尾气有效收集至 VOCs 废气处理系统。

• 反应釜投料所产生的置换尾气（放空尾气）应有效收集至 VOCs 废气处理系统。

③加药

• 鼓励加药槽配备液位报警装置，加药方式采用自动加药。

④置换

• 反应釜放空尾气、带压反应泄压排放废气及其他置换气应有效收集至 VOCs 废气处理系统。

⑤蒸馏 / 精馏

• 溶剂在蒸馏 / 精馏过程中宜采用多级梯度冷凝方式，冷凝器优先采用螺旋绕管式或板式冷凝器等高效换热设备代替列管式冷凝器，并有足够的换热面积和热交换时间。

• 对于常压蒸馏 / 精馏釜，冷凝后不凝气和冷凝液接收罐放空尾气应排至 VOCs 废气收集处理系统；对于减压蒸馏 / 精馏釜，真空泵尾气和冷凝液接收放空尾气应排至 VOCs 废气收集处理系统；蒸馏 / 精馏釜出渣（蒸馏 / 精馏残渣）产生的废气应排至 VOCs 废气收集处理系统，蒸馏 / 精馏釜清洗产生的废液采用管道密闭收集并输送至废水集输系统或密闭废液储槽，储槽放空尾气密闭收集。

⑥母液收集

• 分离精制后的 VOCs 母液密闭收集，母液储存（罐）产生的废气应排至 VOCs 废气收集处理系统。

⑦干燥

• 采用耙式干燥、单锥干燥、双锥干燥、真空烘箱等先进干燥设备，干燥过程中产生的真空尾气优先冷凝回收物料，不凝气应排至 VOCs 废气收集处理系统。

• 采用箱式干燥机时，应对相关生产区域进行密闭隔离，采用负压排气将无组织废气排至 VOCs 废气收集处理系统。

• 采用喷雾干燥、气流干燥剂等常压干燥时，干燥过程中产生的无组织废气应收集并排至 VOCs 废气收集处理系统。

⑧生产工序

• VOCs 物料的投加和卸放、化学反应、萃取／提取、蒸馏／精馏、结晶以及配料、混合、搅拌、包装等过程，应采用密闭设备或在密闭空间内操作，废气应排至废气收集处理系统；无法密闭的，应采取局部气体收集措施，废气应排至废气收集处理系统。

⑨卸料灌装

• 出渣（釜残等）产生的放料尾气应有效收集至 VOCs 废气处理系统。

• 挥发性有机液体产品灌装和易产生 VOCs 的固体产品在包装时，应设置密封装置或密封区域，不能实现密闭的应采用负压排气将灌装废气有效收集至 VOCs 废气处理系统。

⑩真空设备

• 真空系统采用干式真空泵、液环（水环）真空泵，工作介质的循环槽（罐）密闭，真空排气、循环槽（罐）排气应排至 VOCs 废气收集处理系统。

• 真空泵废气宜设置泵前、泵后两级以上冷凝。

⑪取样过程

• 宜采用双阀取样器、真空取样器等密闭取样装置。

• 非密闭取样时，取样口应密闭隔离，采用负压排气将取样废气有效收集至 VOCs 废气处理系统。

⑫动物房、污水厌氧处理设施及固体废物（菌渣、药渣、污泥、废活性炭等）处理或存放

• 应采取隔离、密封等措施控制恶臭污染，并设有恶臭气体收集处理系统。

⑬实验室

• 使用含 VOCs 的化学品或 VOCs 物料进行实验，应使用通风橱（柜）收集，废气应排至 VOCs 废气收集处理系统。

c. 末端治理

● 发酵废气可采用碱洗 + 氧化 + 水洗、吸附浓缩 + 燃烧处理技术。

● 投料、反应、分离、提取、精制、干燥、溶剂回收等工艺有机废气收集后，可采用冷凝 + 吸附回收、燃烧、吸附浓缩 + 燃烧进行处理，或送工艺加热炉、锅炉、焚烧炉燃烧处理（含氯废气除外）。

（6）其他源项

● 参见现代煤化工。

3. 监测监控

● 严格执行《排污单位自行监测技术指南　提取类制药工业》（HJ 881—2017）、《排污单位自行监测技术指南　发酵类制药工业》（HJ 882—2017）、《排污单位自行监测技术指南　化学合成类制药工业》（HJ 883—2017）、《排污单位自行监测技术指南　总则》（HJ 819—2017）规定的自行监测管理要求。

● 其他相关要求参见本书第 4 部分。

4. 台账记录

● 参见石油炼制。

5. 旁路整治

● 对于直排旁路以及其他以偷排偷放为目的的旁路，应采取彻底拆除、切断、物理隔离等方式取缔。

● 除满足职业卫生、生产安全等设计需求外，生产车间不应存在其他换气扇、通风口等通排风设施。

● 其他相关要求参见石油炼制。

（四）农药制造

● 农药制造过程包括农药中间体制造、原药制造、制剂加工与复配。主要涉及《国民经济行业分类》（GB/T 4754—2017）中规定的化学农药制造（C2631）、生物化学农药及微生物农药制造（C2632）等。

- 化学农药原药生产过程主要包括备料投料、合成、分离精制、提纯净化和浓缩干燥过程等，VOCs 有组织排放主要来自投料挥发、反应加热、真空抽气、净化或气体吹扫空反应釜、反应釜泄压 / 降压、离心分离（进料、过滤液排出、洗涤、洗涤液排出、出料）、精馏 / 蒸馏、真空干燥等工艺。

- 生物农药原药生产过程主要包括活性成分提取、制剂加工，生产工艺主要包括发酵、分离、干燥、提纯、制剂加工等。其中，在部分生物农药生产过程中，VOCs 主要来自使用有机溶剂的提纯过程、发酵及发酵罐清洗、灭菌过程、浸提过程等。

- 农药制剂生产过程主要包括破碎、混合、产品包装等环节，VOCs 主要来自有机溶剂在反应釜中搅拌混匀过程。

- 农药制造 VOCs 无组织排放主要来自工艺有组织、工艺无组织、废水集输与处理、有机溶剂使用、固体废物堆存、有机液体储存、有机液体装载、设备与管线组件泄漏、采样、循环冷却水逸散等。

化学农药制造、生物农药制造、乳油制造、水乳剂制造、微乳剂制造典型生产工艺流程与 VOCs 排放环节见图 1-42～图 1-46。

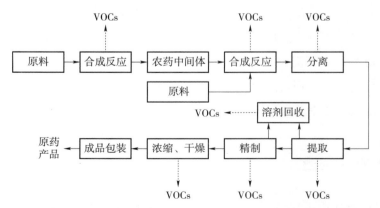

图 1-42　化学农药制造典型生产工艺流程与 VOCs 排放环节示意

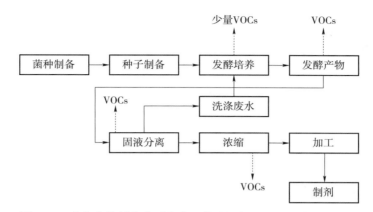

图 1-43　生物农药制造典型生产工艺流程与 VOCs 排放环节示意

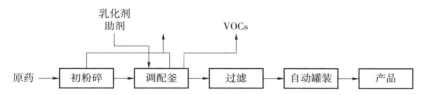

图 1-44　乳油制造典型生产工艺流程与 VOCs 排放环节示意

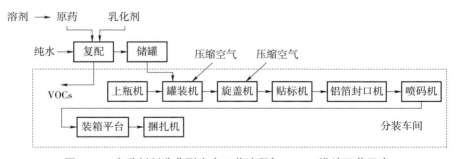

图 1-45　水乳剂制造典型生产工艺流程与 VOCs 排放环节示意

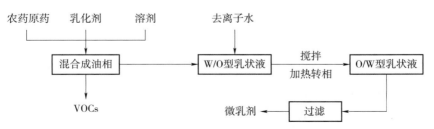

图 1-46　微乳剂制造典型生产工艺流程与 VOCs 排放环节示意

1. 控制要求

- VOCs 排放应满足《农药制造工业大气污染物排放标准》（GB 39727—2020）。

- 有更严格的地方排放控制标准的，应执行地方标准。

2. 控制技术

（1）设备与管线组件

- 参见制药工业。

（2）挥发性有机液体储罐

- 参见制药工业。

（3）挥发性有机液体装载

- 参见制药工业。

（4）敞开液面

a. 源头削减

- 母液和高浓度废水宜采用储罐储存，淘汰污水池设计。

b. 过程控制

- 化学原药制造、农药中间体制造（重点地区还包括农药研发机构）排放的废水，应采用密闭管道输送。其他农药废水如采用沟渠输送，若敞开液面上方 100 mm 处 VOCs 检测浓度≥200 μmol/mol（重点地区≥100 μmol/mol），应加盖密闭。废水集输系统的接入口和排出口应采取与环境空气隔离的措施。

- 化学原药制造、农药中间体制造（重点地区还包括农药研发机构）生产的废水储存、处理设施，在曝气池及其之前应加盖密闭，或采取其他等效措施。其他农药制造如含 VOCs 废水储存和处理设施，若敞开液面上方 100 mm 处 VOCs 检测浓度≥200 μmol/mol（重点地区≥100 μmol/mol），应采用浮动顶盖、固定顶盖或其他等效措施。

- 盖板宜选择具有防腐性能的材料，接近液面。加盖密闭后内部保持微负压状态，可采用"U"形管或密封膜现场检测方法排查负压情况。

- 宜采用密闭式循环水冷却系统；对开式循环冷却水系统，每 6 个月对流经换热器进口和出口的循环冷却水中的总有机碳（TOC）浓度进行检测，若出口浓度大于进口浓度 10%，应进行泄漏源修复与记录。

c. 末端治理

- 除化学原药制造、农药中间体制造（重点地区还包括农药研发机构）以外，其他农药制造的废水储存、处理设施若敞开液面上方 100 mm 处 VOCs 检测浓度≥200 μmol/mol（重点地区≥100 μmol/mol），如采用固定顶盖，应收集废气至 VOCs 废气收集处理系统。

- 收集废气可采用生物法、吸附、焚烧等处理技术。

（5）工艺过程

a. 源头削减

①生产工艺

- 采用非卤代烃和芳香烃类溶剂，生产水基化类农药制剂。

- 采用水相法、生物酶法合成等技术。

②生产设备

- 宜采用车间垂直流程设计实现全流程密闭化。

- 反应釜：常压带温反应釜上应配备冷凝或深冷回流装置回收，不凝性废气有效收集至 VOCs 废气处理系统。

- 固液分离设备：应采用全自动密闭离心机、下卸料式密闭离心机、吊带式离心机、多功能一体式压滤机、高效板式密闭压滤机、隔膜式压滤机、全密闭压滤罐等。产品物料属性等原因造成无法采用上述固液分离设备时，对相关生产区域应进行密闭隔离，并采用有效的局部负压排气将无组织废气收集至 VOCs 废气处理系统。

- 提高生产的自动化水平，减少中间物料的转移以及打开设备的次数。

b. 过程控制

①储存

- 盛装 VOCs 物料的容器或包装袋应存放于室内，或存放于设置有雨棚、遮阳和防渗设施的专用场地，在非取用状态时应加盖、封口，保持密闭。

- 含 VOCs 废料（渣、液）以及 VOCs 物料废包装物等危险废物应密封储存于密闭的危险废物储存间。

②输送

- 液态 VOCs 物料应采用密闭管道输送；采用非管道输送方式转移液态 VOCs 物料时，应采用密闭容器、罐车。粉状、粒状 VOCs 物料应采用气力输送设备、管状带式输送机、螺旋输送机等密闭输送方式，或采用密闭的包装袋、容器或罐车进行物料转移。

③投料

- 易产生 VOCs 的固体物料应采用固体粉料自动投料系统、螺旋推进式投料系统等密闭投料装置，若难以实现密闭投料的，将投料口密闭隔离，采用负压排气将投料尾气有效收集至 VOCs 废气处理系统。

- 宜采用无泄漏泵或高位槽（计量槽）投加，替代真空抽料，进料方式采用底部给料或使用浸入管给料，顶部添加液体采用导管贴壁给料。

- 重点地区采用高位槽/中间罐投加物料时，宜配置蒸气平衡管，使投料尾气形成闭路循环，消除投料过程无组织排放，难以实现的，将投料尾气有效收集至 VOCs 废气处理系统。非重点地区可参照执行。

- 反应釜投料所产生的置换尾气（放空尾气）应有效收集至 VOCs 废气处理系统。

④取样

- 宜采用密闭取样器取样，避免敞口取样。取样废液应及时密闭收集储存。

⑤蒸馏/精馏

- 蒸馏宜先常压，再减压。

- 溶剂在蒸馏/精馏过程中宜采用多级梯度冷凝方式，冷凝器优先采用螺旋绕管式或板式冷凝器等高效换热设备，并有足够的换热面积和热交换时间。

• 对于常压蒸馏 / 精馏釜，冷凝后不凝气和冷凝液接收罐放空尾气应排至 VOCs 废气收集处理系统；对于减压蒸馏 / 精馏釜，真空泵尾气和冷凝液接收罐放空尾气应排至 VOCs 废气收集处理系统。

• 蒸馏 / 精馏釜出渣（蒸馏 / 精馏残渣）产生的废气应排至 VOCs 废气收集处理系统，蒸馏 / 精馏釜清洗产生的废液应采用管道密闭收集并输送至废水集输系统或密闭废液储槽，储槽放空尾气密闭收集。

⑥母液收集

• 分离精制后的 VOCs 母液应密闭收集，母液储槽（罐）产生的废气应排至 VOCs 废气收集处理系统。

⑦干燥

• 采用耙式干燥、单锥干燥、双锥干燥、真空烘箱等先进干燥设备，干燥过程中产生的真空尾气优先冷凝回收物料，不凝气应排至 VOCs 废气收集处理系统。

• 采用箱式干燥机时，则应对相关生产区域进行密闭隔离，采用负压排气将无组织废气排至 VOCs 废气收集处理系统。

• 采用喷雾干燥、气流干燥机等常压干燥设备时，有组织工艺废气除尘后应排至 VOCs 废气处理系统。

⑧真空设备

• 真空系统若采用干式真空泵，真空排气应排至 VOCs 废气收集处理系统；若使用液环（水环）真空泵、水（水蒸气）喷射真空泵等，工作介质的循环槽（罐）密闭，真空排气、循环槽（罐）排气应排至 VOCs 废气收集处理系统。

• 真空泵废气宜设置泵前、泵后两级以上冷凝。

c.末端治理

• 发酵废气宜采用碱洗＋氧化＋水洗、吸附浓缩＋燃烧处理技术。

• 配料、反应、分离、提取、精制、干燥、溶剂回收等工艺有机废气

65

收集后，宜采用冷凝＋吸附回收、燃烧、吸附浓缩＋燃烧进行处理，或送工艺加热炉、锅炉、焚烧炉燃烧处理（含氯废气除外）。

（6）其他源项

• 参见现代煤化工。

3. 监测监控

• 严格执行《排污单位自行监测技术指南　农药制造工业》（HJ 987—2018）、《排污单位自行监测技术指南　总则》（HJ 819—2017）规定的自行监测管理要求。

• 其他相关要求参见本书第4部分。

4. 台账记录

• 参见石油炼制。

5. 旁路整治

• 参见制药工业。

（五）涂料、油墨及胶粘剂制造

• 涂料制造是指在天然树脂或合成树脂中加入颜料、溶剂和辅助材料，经加工后制成覆盖材料的生产活动，包括涂料及其稀释剂、脱漆剂等辅助材料的制备环节。主要涉及《国民经济行业分类》（GB/T 4754—2017）中规定的涂料制造工业（C2641）。

• 油墨及类似产品制造是指由颜料、连接料（植物油、矿物油、树脂、溶剂）和填充料经过混合、研磨调制而成，用于印刷的有色胶浆状物质，以及用于计算机打印、复印机用墨等生产活动。主要涉及《国民经济行业分类》（GB/T 4754—2017）中规定的油墨及类似产品制造工业（C2642）。

• 胶粘剂制造是指以粘料为主剂，配合各种固化剂、增塑剂、填料、溶剂、防腐剂、稳定剂和偶联剂等助剂制备胶粘剂（也称粘合剂）的生产活动。

● 涂料、油墨及胶粘剂工业 VOCs 排放主要来自配料、预混合、研磨、调配、过滤、灌装、储存等工序。

涂料、油墨及胶粘剂制造生产工艺流程与 VOCs 排放环节见图 1-47。

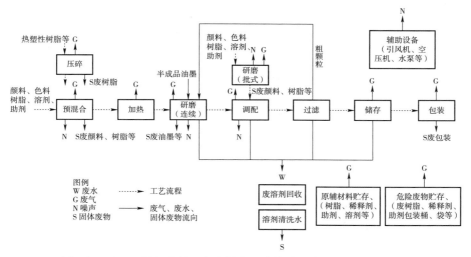

注：本部分不适用于粉末涂料、合成树脂、建筑乳胶涂料制造生产过程。

图 1-47　涂料、油墨及胶粘剂制造生产工艺流程与 VOCs 排放环节示意

1. 控制要求

● VOCs 排放应满足《涂料、油墨及胶粘剂工业大气污染物排放标准》（GB 37824—2019）。

● 有更严格的地方排放控制标准的，应执行地方标准。

2. 控制技术

（1）设备与管线组件

● 参见制药工业。

（2）挥发性有机液体储罐

● 参见制药工业。

（3）挥发性有机液体装载

● 参见制药工业。

（4）敞开液面

a. 过程控制

• 工艺过程排放的含 VOCs 废水采用密闭管道输送；如采用沟渠输送，若敞开液面上方 100 mm 处 VOCs 检测浓度≥200 μmol/mol（重点地区≥100 μmol/mol），应加盖密闭。废水集输系统的接入口和排出口应采取与环境空气隔离的措施。

• 含 VOCs 废水储存、处理设施若敞开液面上方 100 mm 处 VOCs 检测浓度≥200 μmol/mol（重点地区≥100 μmol/mol），应采用浮动顶盖、固定顶盖或其他等效措施。

• 盖板宜选择具有防腐性能的材料，接近液面。加盖密闭后内部保持微负压状态，可采用"U"形管或密封膜现场检测方法排查负压情况。

• 宜采用密闭式循环水冷却系统；对开式循环冷却水系统，每 6 个月对流经换热器进口和出口的循环冷却水中的总有机碳（TOC）浓度进行检测，若出口浓度大于进口浓度的 10%，应进行泄漏源修复与记录。

b. 末端治理

• 含 VOCs 废水储存、处理设施若敞开液面上方 100 mm 处 VOCs 检测浓度≥200 μmol/mol（重点地区≥100 μmol/mol），如采用固定顶盖，应收集废气至 VOCs 废气收集处理系统。

• 收集废气可采用焚烧法或吸收、氧化、生物法等组合工艺进行处理。

（5）工艺过程

a. 源头削减

• 优先使用水性树脂（连结料）替代传统溶剂型树脂进行建筑涂料、水性工业涂料等涂料产品和水性凹版、水性柔版等油墨产品的生产。

• 鼓励使用固定缸全面替代移动缸。

• 推广使用密闭式卧式研磨机，逐步淘汰篮式研磨机、三辊式研磨机。

b. 过程控制

• 优先使用桶泵等密闭方式投料。人工投料时，应采取局部气体收集，将废气输送至末端处理系统。重点地区采用高位槽（罐）进料时，置换的废气排至 VOCs 废气收集处理系统或气相平衡系统。

- 移动缸操作时，应采取局部气体收集，将废气排至 VOCs 废气收集处理系统。移动缸存放物料时应加盖密闭；搅拌时宜有微负压或在有微负压的密闭空间生产，将废气收集至治理设施；溶剂输送时宜采用管道计量。

- 包装环节宜推广自动或半自动包装技术替代手动包装。包装环节产生的废气应排至 VOCs 废气收集处理系统。

- 重点地区实验室若使用含 VOCs 的化学品或 VOCs 物料进行实验，应使用通风橱（柜）或进行局部气体收集，废气应排至 VOCs 废气收集处理系统。一般地区可参照重点地区要求。

c. 末端治理

- 连续性生产卷钢、船舶、机械、汽车、家具、包装印刷、电子等溶剂型涂料时，宜使用除尘 + RTO 等治理技术。

- 生产卷钢、船舶、机械、汽车、家具、包装印刷、电子等溶剂型涂料时，宜使用除尘 + 旋转式吸附（沸石分子筛）+RTO、除尘 + 固定床吸附（活性炭）+CO 等治理技术。中大型企业宜采用 RTO 等燃烧技术。

- 生产水性家具漆、水性汽车漆等水性工业涂料时，宜使用除尘 + 固定床吸附技术（活性炭）。

- 同时生产水性工业涂料和溶剂型涂料时，宜使用除尘 + 吸附 + 燃烧等处理技术。

- 连续性生产溶剂型凹版油墨、溶剂型柔版油墨等溶剂型油墨以及光油时，宜使用除尘 +RTO 等处理技术。

- 仅生产胶版印刷油墨（连结料生产除外）时，宜使用除尘 + 固定床吸附（活性炭）等处理技术。

- 仅生产水性油墨时，宜使用除尘 + 固定床吸附（活性炭）等处理技术。

- 同时生产水性油墨和溶剂油墨时，宜使用除尘＋吸附＋燃烧等处理技术。

- 连续性生产溶剂型胶粘剂时，宜使用除尘＋吸附＋燃烧等处理技术。

- 仅生产水基型本体型胶粘剂时，宜使用除尘＋固定床吸附（活性炭）等处理技术。

（6）其他源项

- 移动缸及设备零件清洗吹扫时，应采用密闭系统或在密闭空间内操作，废气排至 VOCs 废气收集处理系统；无法密闭的，采取局部气体收集措施，废气排至 VOCs 废气收集处理系统。重点地区的清洗环节满足移动缸及设备零件清洗吹扫时，应采用密闭系统或在密闭空间内操作，废气排至 VOCs 废气收集处理系统。固定反应釜体清洗吹扫时宜开启密闭收集系统。

- 其他相关要求参见现代煤化工。

3. 监测监控

- 严格执行《排污许可证申请与核发技术规范　涂料、油墨、颜料及类似产品制造业》（HJ 1116—2020）规定的自行监测管理要求。

- 其他相关要求参见本书第 4 部分。

4. 台账记录

- 含 VOCs 原辅料材料（树脂、颜料、填料、助剂、溶剂、连接料等）：记录名称、使用量、主要成分含量、含水率以及回收方式与回收量等。

- 其他相关要求参见石油炼制。

5. 旁路整治

- 液体和粉料进料装置旁路由逆向阀控制的，应加强阀门密封情况的日常检测，发现腐蚀、损坏后应及时更换。

- 其他相关要求参见制药工业。

三、工业涂装

（一）汽车制造（含整车与零部件）

- 汽车制造主要涉及《国民经济行业分类》（GB/T 4754—2017）中规定的汽车整车制造（C361）、汽车零部件及配件制造（C367）等。

- 汽车整车制造业 VOCs 排放主要来自电泳及烘干、施胶及烘干（在一些紧凑型工艺中，取消了施胶烘干，合并到中涂烘干）、涂装及烘干、涂装车间点修补及烘干等环节。喷漆根据工艺可以分为 nCmB（其中，n 为喷漆工序，n≥1，包括中涂、色漆和罩光以及喷图案或套色等工序的全部或部分工序，m 为烘干工序，m≥1），现阶段的主流涂装工艺为 3C2B（3C 指中涂、色漆以及罩光）工艺、紧凑型 2C1B（免中涂）或 3C1B（湿碰湿）工艺，客车的涂装工序较乘用车和货车驾驶舱的涂装工序复杂，一般电泳后会有刮腻子工序，色漆后有喷图案等工序。

- 汽车零部件主要分为金属类零部件、树脂类零部件、橡胶类零部件以及发泡成型类零部件等。金属类零部件生产主要包括表面前处理（冲压、焊接、脱脂除油等）、涂饰、组装等的全部或几道工序，涂饰根据产品和工艺需求可分为电泳或底漆、中涂、面漆中的部分或全部工序；树脂类零部件生产主要包括挤塑／注塑／喷塑、表面前处理、喷漆及烘干等全部或部分工序；橡胶类零部件生产主要包括混炼、密炼、开炼、挤出成

71

型、硫化等部分或全部工序；发泡成型类零部件以汽车坐垫和靠枕为典型代表，通过异氰酸酯（MDI/TDI）与聚醚/聚酯多元醇和其他辅料在模具中反应成型经过熟化形成基本产品。汽车零部件制造业 VOCs 排放主要来自含 VOCs 原辅材料的储存、调配、转移输送，以及涂饰、施胶、烘干、清洗、修补等工序和含 VOCs 危险废物的贮存。另外，树脂件在挤塑/注塑/喷塑等过程，橡胶类零部件在混炼、密炼、开炼、挤出成型、硫化等过程均存在一定程度的 VOCs 排放。发泡类零部件生产过程使用的模具需要通过喷涂脱模剂进行清理以保证正常生产，脱模剂是发泡工艺 VOCs 的主要来源，异氰酸酯与聚醚/聚酯多元醇在向模具挤出过程中也有少量的 VOCs 排放。

汽车整车制造、汽车金属零部件制造、汽车树脂类零部件制造生产工艺流程与 VOCs 排放环节见图 1-48～图 1-50。

1. 控制要求

• VOCs 排放应满足《大气污染物综合排放标准》（GB 16297—1996）、《挥发性有机物无组织排放控制标准》（GB 37822—2019）。

• 涂料 VOCs 含量应满足《车辆涂料中有害物质限量》（GB 24409—2020），推荐执行《低挥发性有机化合物含量涂料产品技术要求》（GB/T 38597—2020）；胶粘剂 VOCs 含量应满足《胶粘剂挥发性有机化合物限量》（GB 33372—2020）；清洗剂 VOCs 含量应满足《清洗剂挥发性有机化合物含量限值》（GB 38508—2020）。

• 有更严格的地方排放控制标准和产品质量标准的，应执行地方标准。

2. 控制技术

（1）源头削减

a. 含 VOCs 原辅材料

• 除特殊性功能涂料外，使用的涂料、清洗剂、胶粘剂中 VOCs 含量应符合表 1-3 的要求，鼓励使用符合表 1-4 要求的低 VOCs 含量涂料、清洗剂、胶粘剂。

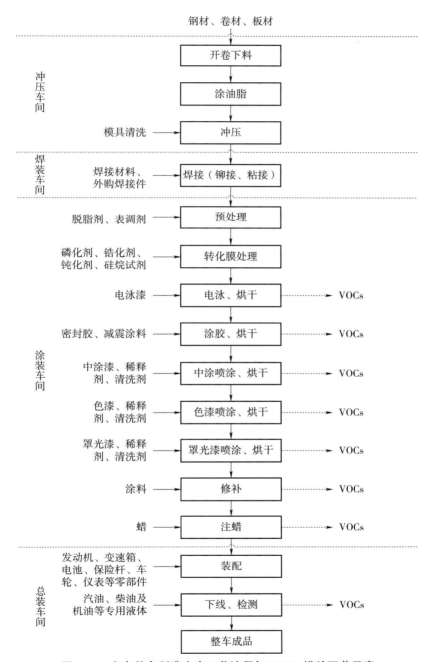

图 1-48　汽车整车制造生产工艺流程与 VOCs 排放环节示意

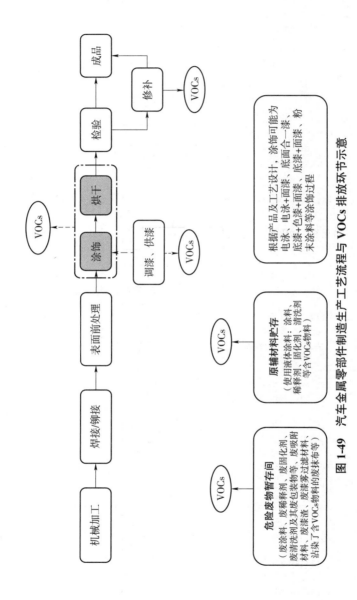

图 1-49 汽车金属零部件制造生产工艺流程与 VOCs 排放环节示意

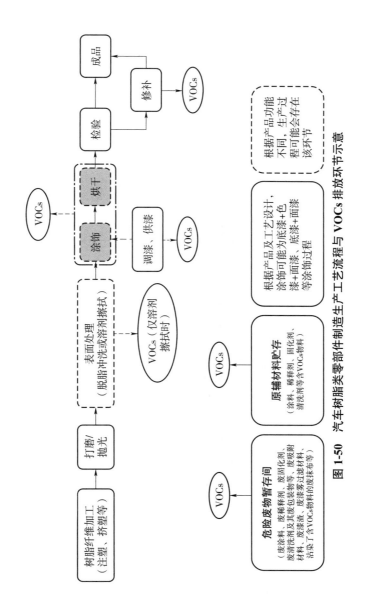

图 1-50　汽车树脂类零部件制造生产工艺流程与 VOCs 排放环节示意

表 1-3 汽车制造业原辅材料 VOCs 含量限值

原辅材料类别	主要产品类型		限量值
水性汽车原厂涂料（乘用车、载货汽车）	水性涂料	电泳底漆	≤250 g/L
		中涂	≤350 g/L
		底色漆	≤530 g/L
		本色面漆	≤420 g/L
汽车原厂涂料［客车（机动车）］	水性涂料	电泳底漆	≤250 g/L
		其他底漆	≤420 g/L
		中涂	≤300 g/L
		底色漆	≤420 g/L
		本色面漆	≤420 g/L
		清漆	≤420 g/L
汽车原厂涂料（乘用车）	溶剂型涂料	中涂	≤530 g/L
		底色漆	≤750 g/L
		本色面漆	≤550 g/L
		哑光清漆［光泽（60°）≤60 单位值］	≤600 g/L
		单组分清漆	≤550 g/L
		双组分清漆	≤500 g/L
载货汽车原厂涂料	溶剂型涂料	单组分底漆	≤700 g/L
		双组分底漆	≤540 g/L
		中涂	≤500 g/L
		实色底色漆	≤680 g/L
		效应颜料高装饰底色漆	≤840 g/L
		效应颜料其他底色漆	≤750 g/L
		本色面漆	≤550 g/L
		清漆	≤500 g/L
汽车原厂涂料［客车（机动车）］	溶剂型涂料	底漆	≤540 g/L
		中涂	≤540 g/L
		底色漆	≤770 g/L
		本色面漆	≤550 g/L
		清漆	≤480 g/L

续表

原辅材料类别	主要产品类型				限量值
外饰塑胶件用涂料	水性涂料	底漆			≤450 g/L
		色漆			≤530 g/L
	溶剂型涂料	底漆			≤700 g/L
		色漆			≤770 g/L
		清漆	哑光清漆［光泽（60°）≤60单位值］		≤650 g/L
			其他		≤560 g/L
金属件用涂料	水性涂料	底漆			≤350 g/L
		色漆			≤480 g/L
		清漆			≤420 g/L
	溶剂型涂料	底漆			≤670 g/L
		色漆			≤680 g/L
		效应颜料漆			≤750 g/L
		清漆	哑光清漆［光泽（60°）≤60单位值］		≤600 g/L
			其他	单组分	≤580 g/L
				双组分	≤480 g/L
内饰件用涂料	水性涂料	底漆			≤450 g/L
		底色漆			≤530 g/L
		本色面漆			≤420 g/L
		清漆			≤420 g/L
	溶剂型涂料	底漆			≤670 g/L
		色漆			≤770 g/L
		清漆	哑光清漆［光泽（60°）≤60单位值］		≤630 g/L
			其他		≤560 g/L

续表

原辅材料类别	主要产品类型		限量值
辐射固化涂料	水性涂料	喷涂	≤400 g/L
		其他涂装方式	≤150 g/L
	非水性涂料	喷涂	≤550 g/L
		其他涂装方式	≤200 g/L
水基清洗剂	—		≤50 g/L
半水基清洗剂	—		≤300 g/L
有机溶剂清洗剂	—		≤900 g/L
水基型胶粘剂	聚乙酸乙烯酯类		≤50 g/L
	橡胶类		≤50 g/L
	聚氨酯类		≤50 g/L
	醋酸乙烯 - 乙烯共聚乳液类		≤50 g/L
	丙烯酸酯类		≤50 g/L
	其他		≤50 g/L
本体型胶粘剂	有机硅类		≤100 g/kg
	MS 类		≤100 g/kg
	聚氨酯类		≤50 g/kg
	聚硫类		≤50 g/kg
	丙烯酸酯类		≤200 g/kg
	环氧树脂类		≤100 g/kg
	α - 氰基丙烯酸类		≤20 g/kg
	热塑类		≤50 g/kg
	其他		≤50 g/kg
溶剂型胶粘剂	氯丁橡胶类		≤600 g/L
	苯乙烯 - 丁二烯 - 苯乙烯嵌段共聚物橡胶类		≤550 g/L
	聚氨酯类		≤250 g/L
	丙烯酸酯类		≤510 g/L
	减震用热硫化胶粘剂		≤700 g/L
	其他		≤250 g/L

表 1-4　汽车制造业低 VOCs 含量原辅材料 VOCs 含量限值

原辅材料类别	主要产品类型		限量值
水性涂料	汽车原厂涂料（乘用车、载货汽车）	电泳底漆	≤200 g/L
		中涂	≤300 g/L
		底色漆	≤420 g/L
		本色面漆	≤350 g/L
	汽车原厂涂料［客车（机动车）］	电泳底漆	≤200 g/L
		其他底漆	≤250 g/L
		中涂	≤250 g/L
		底色漆	≤380 g/L
		本色面漆	≤300 g/L
		清漆	≤300 g/L
辐射固化涂料	金属基材与塑胶基材	喷涂	≤350 g/L
		其他涂装方式	≤100 g/L
水基清洗剂	—		≤50 g/L
半水基清洗剂	—		≤100 g/L
水基型胶粘剂	聚乙酸乙烯酯类		≤50 g/L
	橡胶类		≤50 g/L
	聚氨酯类		≤50 g/L
	醋酸乙烯 - 乙烯共聚乳液类		≤50 g/L
	丙烯酸酯类		≤50 g/L
	其他		≤50 g/L
本体型胶粘剂	有机硅类		≤100 g/kg
	MS 类		≤100 g/kg
	聚氨酯类		≤50 g/kg
	聚硫类		≤50 g/kg
	丙烯酸酯类		≤200 g/kg
	环氧树脂类		≤100 g/kg
	α - 氰基丙烯酸类		≤20 g/kg
	热塑类		≤50 g/kg
	其他		≤50 g/kg

- 推广使用水性、高固体分、粉末等低 VOCs 含量涂料，汽车整车制造底漆、中涂、色漆可全部替代。

b. 涂装工艺

- 宜采用高流量低压力（HVLP）喷涂、静电旋杯喷涂、自动空气旋杯 / 喷枪、静电辅助的压缩空气喷涂等高效涂装技术，减少使用手动空气喷涂技术。

- 新建乘用车和货车驾驶舱生产线宜采用干式喷漆室 + 全自动喷涂 +"三涂一烘""两涂一烘"或免中涂等紧凑型 + 循环风涂装工艺；有条件的现有乘用车、货车驾驶舱和保险杠等零部件生产线宜采用全自动喷涂 + 循环风 +"三涂一烘""两涂一烘"或免中涂等紧凑型涂装工艺。

- 乘用车、货车驾驶舱宜采用全自动静电旋杯 / 喷枪等喷涂设备喷涂车身内外表面；保险杠等零部件宜采用全自动静电旋杯或全自动空气喷枪等喷涂设备喷涂。

（2）过程控制

a. 储存

- 涂料（电泳底漆、喷涂底漆、中涂漆、色漆、罩光漆以及隔热防震涂料等）、稀释剂、清洗剂、固化剂、PVC 胶、胶粘剂、密封胶、腔体蜡等 VOCs 物料应密闭储存。

- 盛装 VOCs 物料的容器或包装袋应存放于室内，或存放于设置有雨棚、遮阳和防渗设施的专用场地。盛装 VOCs 物料的容器或包装袋在非取用状态时应加盖、封口，保持密闭。

- 废涂料、废稀释剂、废清洗剂、废活性炭等含 VOCs 废料（渣、液）以及 VOCs 物料废包装物等危险废物盛装在密封的容器或口袋里，储存于危废储存间，满足《危险废物贮存污染控制标准》（GB 18597—2001）并及时清运，交给有资质的单位处理处置。

b. 转移和输送

- VOCs 物料转移和输送应采用密闭管道或密闭容器等。

• 宜使用集中供漆系统，主色系涂料宜设单独的涂料罐、供给泵及单独的输送管线；其他色系涂料可共用输送管线，并配备清洗系统；颜色较多的鼓励使用走珠系统结合快速换色阀块，减少换色时涂料的浪费。

• 宜合理布局喷漆间和供漆间，调整涂料输送线的长度。

c. 调配

• 涂料、稀释剂等 VOCs 物料的调配作业应采用密闭设备或在密闭空间内操作，废气应排至 VOCs 废气收集处理系统；无法密闭的，应采取局部气体收集措施，废气应排至 VOCs 废气收集处理系统。

• 宜设置专门的密闭调配间。

• 批量、连续生产的涂装生产线，宜使用全密闭自动调配装置进行计量、搅拌和调配；间歇、小批量的涂装生产线，宜减少现场调配和待用时间；调漆宜采用排气柜或集气罩收集废气。

d. 电泳

• 电泳槽室应设在密闭空间，宜严格控制电泳槽液体积及即用状态 VOCs 含量，集中收集电泳室及电泳超滤设施 VOCs 废气并达标排放；鼓励有条件的企业对电泳槽室和电泳超滤设施废气进行收集处理。

e. 喷涂

• 汽车整车以及保险杠的中涂漆、色漆（面漆）、罩光清漆等喷涂作业应在密闭空间内操作，废气应排至 VOCs 废气收集处理系统。无法做到负压的整车喷涂车间，鼓励在人员进出涂装线的车间门口设置人员进出间，人员进出间采用负压收集，车辆进出涂装线的进出口采用风幕阻挡，以提高涂装车间 VOCs 废气收集效率。

• 其他汽车零部件喷涂作业应优先采用密闭设备、在密闭空间中操作或采用全密闭集气罩收集方式，并保持负压运行，设置负压标识（如飘带）；无法密闭的，应采取局部气体收集措施，推广以生产线或设备为单位设置隔间，收集风量应确保隔间保持微负压。

• 新建线宜建设干式喷漆房，使用全自动喷涂设备，采用循环风工艺；

使用湿式喷漆房时，文丘里/水旋等的循环水泵间和滤渣间应密闭，采取有效收集措施，废气应排至 VOCs 废气收集处理系统。

- 宜使用油漆回流系统，喷涂时精确控制油漆用量。

f. 流平（含闪干）

- 流平作业应在密闭空间内操作，废气应排至 VOCs 废气收集处理系统；无法密闭的，应采取局部气体收集措施，废气应排至 VOCs 废气收集处理系统。

- 禁止在流平过程中通过安装大风量风扇或其他通风措施故意稀释排放。

g. 烘干

- 烘干作业应在密闭空间内操作，废气应排至 VOCs 废气收集处理系统。

- 温度较高的烘干废气不宜与喷涂、流平废气混合收集处理。

- 应定期检查烘箱的密闭性。

h. 清洗

- 清洗作业应采用密闭设备或在密闭空间内操作，废气应排至 VOCs 废气收集处理系统；无法密闭的，应采取局部气体收集措施，废气应排至 VOCs 废气收集处理系统。

- 使用多种颜色漆料的，宜设置分色区，相同颜色集中喷涂，减少换色清洗频次和清洗溶剂消耗量。

- 喷枪、喷嘴、管线等清洗时，宜根据色漆颜色清洗难易程度，调整清洗剂用量。

- 宜设置单独的滑橇、挂具等配件密闭清洗间。

- 线上清洗时，应在喷涂工位配置溶剂回收系统。

i. 点补

- 点补作业应在密闭空间内操作，废气应排至 VOCs 废气收集处理系统；无法密闭的，应采取局部气体收集措施，废气应排至 VOCs 废气收集处理系统。

j. 涂胶、注蜡

- 涂胶、注蜡等作业无法实现局部密闭的，应在作业工位配置废气收集系统。

- 使用溶剂型蜡的，应安装废气处理系统。

k. 回收

- 涂装作业结束时，除集中供漆外，应将所有剩余的VOCs物料密闭储存，送回至调配间或储存间。

- 使用走珠供漆系统时，换色过程宜将管内未使用的油漆回流至密闭分离模块或调漆模块，进行回收或回用，不同种类、颜色的油漆分开设置分离模块。

l. 非正常工况

- VOCs废气收集处理系统发生故障或检修时，对应的生产工艺设备应停止运行，待检修完毕后在治理设施达到正常运行条件时方可启动生产工艺设备；生产工艺设备不能停止运行或不能及时停止运行的，应设置废气应急处理设施或采取其他替代措施。

（3）末端治理

a. 调配

- 调配废气宜采用吸附方式或其他等效方式处置。

- 调配废气可与喷涂废气一并处理。

b. 电泳

- 鼓励采取合适的治理技术处理电泳槽室和电泳超滤设施废气。

- 电泳烘干废气宜采用热力焚烧/催化燃烧或其他等效方式处置。

c. 喷涂、流平

- 应设置高效漆雾处理装置，干式漆雾捕集系统可采用静电漆雾捕集式、石灰石粉捕集式、纸盒捕集式等技术+中/高效漆雾过滤设施；湿式漆雾捕集系统可采用文丘里式、水旋式漆雾过滤等技术+中/高效漆雾过滤设施。新建涂装线宜采用干式漆雾捕集系统+中/高效漆雾过滤设施。

- 喷涂、流平废气宜采用吸附浓缩＋燃烧或其他等效方式处置，小风量低浓度或不适宜浓缩脱附的可采用一次性活性炭吸附等工艺。

d. 烘干

- 烘干废气宜采用热力焚烧／催化燃烧或其他等效方式单独处理，具备条件的可采用蓄热式或热能回收式燃烧装置。

e. 线下清洗、涂胶、点补、注蜡

- 线下清洗、涂胶、点补、注蜡等废气宜采用吸附方式或其他等效方式处置。

f. 产业集群

- 涂装工序不影响整体生产链条的产品，宜在转移运输方便的区域统筹规划建设集中喷涂中心，并安装高效 VOCs 治理设施，取消企业的独立喷涂作业。

- 活性炭使用量大的产业集群，宜统筹规划建设活性炭集中再生中心，统一处理。

3. 监测监控

- 严格执行《排污许可证申请与核发技术规范　汽车制造业》（HJ 971—2018）、《排污单位自行监测技术指南　涂装》（HJ 1086—2020）等规定的自行监测管理要求。

- 其他相关要求参见本书第 4 部分。

4. 台账记录

台账应采用电子化储存和纸质储存两种形式并同步管理，保存期限不得少于 5 年。

（1）生产设施运行管理信息

- 产品产量信息：主要产品名称、产量及其对应的单位产品设计数模面积或涂装总面积（有设计参数）等。每月记录 1 次。

- 原辅材料信息：涂料、稀释剂、清洗剂、固化剂、PVC 胶、隔热防震涂料、胶粘剂、密封胶等含 VOCs 原辅材料的名称及其 VOCs 含量检测报告（各原料产品构成不发生变化的情况下每年提供 1 次检测报告，水性涂料检测报告应提供扣水和不扣水的 VOCs 含量）、采购量、领用量、库存量、回收量及处理处置量和处理处置方式等。每批次记录 1 次。

（2）污染治理设施运行管理信息

• 有组织废气治理设施：治理设施的启停机时间以及日常运行维护记录等信息。每班或每天记录 1 次。

• 无组织废气排放控制：无组织排放源以及控制措施运行、维护、管理等信息。记录频次原则上不低于 1 次 / 天。

（3）自行监测信息

• 手工监测记录信息：包括手工监测日期、采样及测定方法、监测结果等。

• 自动监测记录信息：包括自动监测及辅助设备运行状况、系统校准、校验记录、定期比对监测记录、维护保养记录、是否故障、故障维修记录、巡检日期等。

（4）非正常工况

• 生产装置和污染治理设施非正常工况应记录起止时间、污染物排放情况（排放浓度、排放量）、异常原因、应对措施、是否向地方生态环境主管部门报告、检查人、检查日期及处理班次等信息。

5. 旁路整治

• 以生产车间顶部、生产装置顶部、备用烟囱、废弃烟囱、应急排放口、治理设施（含承担废气处置功能的锅炉、炉窑等）等为重点，进行旁路排查。

• 对于直排旁路以及其他以偷排偷放为目的的旁路，应采取彻底拆除、切断、物理隔离等方式取缔。

• 生产系统和非燃烧治理设施原则上应取消旁路。

• 除满足职业卫生、生产安全等设计需求外，生产车间不应存在其他换气扇、通风口等通排风设施。

• 对 RTO、TNV、RCO 等燃烧类治理设施旁路进行系统评估，对以保障安全生产为目的必须保留的应急类旁路，企业应向当地生态环境主管部门报备，在非紧急情况下保持关闭并铅封，通过安装自动监测设备、流量计等方式加强监管，并保存历史记录，开启后应及时向当地生态环境主管部门报告，做好台账记录；阀门腐蚀、损坏后应及时更换，鼓励选用泄漏率小于 0.5% 的阀门；建设有中控系统的企业，鼓励在旁路设置感应式阀门，阀门开启状态、开度等信号接入中控系统，历史记录至少保存 5 年。在保证安全的前提下，对于保留的进气安全旁路（如污染物浓度超过爆炸极限的 25%，则不能进入 RTO 等燃烧装置），应建设备用一级活性炭吸附、喷淋等备用污染治理设施，出现应急情况通过备用设施处理后排放。备用设施仅限出现安全应急过程中使用。

• 推动取消非必须保留的应急类旁路。

（二）家具制造

• 家具制造业包括木质家具制造、竹藤家具制造、金属家具制造、塑料家具制造以及其他家具制造。主要涉及《国民经济行业分类》（GB/T 4754—2017）中规定的家具制造业（C21）。

• 家具制造业 VOCs 排放主要来自含 VOCs 原辅材料的储存、调配、转移输送，以及施胶（拼接、封边、贴皮等）、发泡、涂饰、流平、干燥、清洗等工序和含 VOCs 危险废物的贮存。

木质家具制造、软体家具制造、金属家具制造生产工艺流程与 VOCs 排放环节见图 1-51～图 1-53。

1. 控制要求

• 涂料 VOCs 含量应满足《木器涂料中有害物质限量》（GB 18581—2020），推荐执行《低挥发性有机化合物含量涂料产品技术要求》（GB/T 38597—2020）。

• 其他相关要求参见汽车制造（含整车与零部件）。

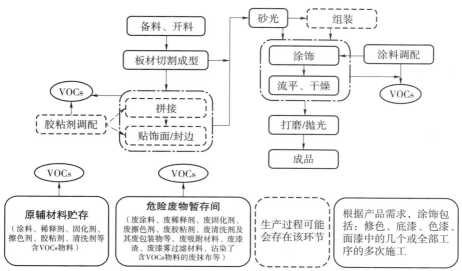

图 1-51　木质家具制造生产工艺流程与 VOCs 排放环节示意

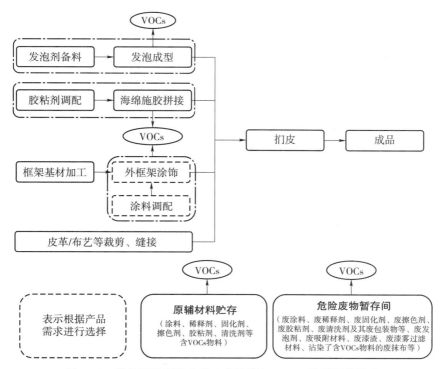

图 1-52　软体家具制造生产工艺流程与 VOCs 排放环节示意

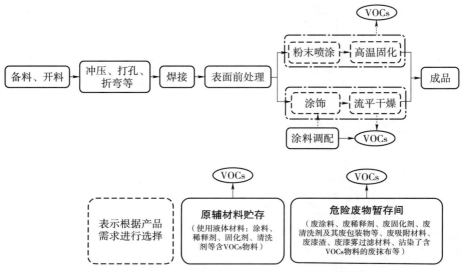

图 1-53　金属家具制造生产工艺流程与 VOCs 排放环节示意

2. 控制技术

（1）源头削减

a. 含 VOCs 原辅材料

● 使用的涂料、清洗剂、胶粘剂中 VOCs 含量应符合表 1-5 的要求，鼓励使用符合表 1-6 要求的低 VOCs 含量涂料、清洗剂、胶粘剂。

● 木质家具制造推广使用水性、辐射固化、粉末等低 VOCs 含量涂料；金属家具制造推广使用粉末等低 VOCs 含量涂料；软体家具制造推广使用水基型等低 VOCs 含量胶粘剂。

表 1-5　家具制造业原辅材料 VOCs 含量限值

原辅材料类别	主要产品类型	限量值
粉末木器涂料	—	—
辐射固化木器涂料（含腻子）	水性	≤250 g/L
	非水性	≤420 g/L
水性木器涂料（含腻子）	色漆	≤250 g/L
	清漆	≤300 g/L

续表

原辅材料类别	主要产品类型		限量值
溶剂型木器涂料 （含腻子）	聚氨酯类	面漆［光泽（60°）≥80 单位值］	≤550 g/L
		面漆［光泽（60°）<80 单位值］	≤650 g/L
		底漆	≤600 g/L
	硝基类（限工厂化涂装使用）		≤700 g/L
	醇酸类		≤450 g/L
	不饱和聚酯类		≤420 g/L
水基清洗剂	—		≤50 g/L
半水基清洗剂	—		≤300 g/L
有机溶剂清洗剂	—		≤900 g/L
水基型胶粘剂	聚乙酸乙烯酯类		≤100 g/L
	橡胶类		≤100 g/L
	聚氨酯类		≤50 g/L
	醋酸乙烯 - 乙烯共聚乳液类		≤50 g/L
	丙烯酸酯类		≤50 g/L
	其他		≤50 g/L
本体型胶粘剂	有机硅类		≤100 g/kg
	MS 类		≤50 g/kg
	聚氨酯类		≤50 g/kg
	聚硫类		≤50 g/kg
	环氧树脂类		≤50 g/kg
	α - 氰基丙烯酸类		≤20 g/kg
	热塑类		≤50 g/kg
	其他		≤50 g/kg
溶剂型胶粘剂	氯丁橡胶类		≤600 g/L
	苯乙烯 - 丁二烯 - 苯乙烯嵌段共聚物橡胶类		≤500 g/L
	聚氨酯类		≤400 g/L
	丙烯酸酯类		≤510 g/L
	其他		≤400 g/L

表 1-6　家具制造业低 VOCs 含量原辅材料 VOCs 含量限值

原辅材料类别	主要产品类型		限量值
粉末涂料	—		—
无溶剂涂料	—		≤60 g/L
辐射固化涂料	金属基材与塑胶基材	喷涂	≤350 g/L
		其他	≤100 g/L
	木质基材	水性	≤200 g/L
		非水性	≤100 g/L
水性木器涂料	色漆		≤220 g/L
	清漆		≤270 g/L
水基清洗剂	—		≤50 g/L
半水基清洗剂	—		≤100 g/L
水基型胶粘剂	聚乙酸乙烯酯类		≤100 g/L
	橡胶类		≤100 g/L
	聚氨酯类		≤50 g/L
	醋酸乙烯 - 乙烯共聚乳液类		≤50 g/L
	丙烯酸酯类		≤50 g/L
	其他		≤50 g/L
本体型胶粘剂	有机硅类		≤100 g/kg
	MS 类		≤50 g/kg
	聚氨酯类		≤50 g/kg
	聚硫类		≤50 g/kg
	环氧树脂类		≤50 g/kg
	α - 氰基丙烯酸类		≤20 g/kg
	热塑类		≤50 g/kg
	其他		≤50 g/kg

b. 涂装工艺

• 宜采用往复式喷涂箱、辊涂、淋涂、机械手、静电喷涂等高效涂装技术，减少使用手动空气喷涂技术。

- 木质家具宜使用往复式喷涂箱、机械手和静电喷涂等高效涂装技术。

- 酚醛板家具宜使用粉末静电喷涂等技术；其他板式家具宜采用辊涂、淋涂、机械手、往复式喷涂箱等高效涂装技术。

（2）过程控制

a. 储存

- 涂料、腻子、稀释剂、固化剂、清洗剂、胶粘剂、发泡剂等 VOCs 物料应密闭储存。

- 其他相关要求参见汽车制造（含整车与零部件）。

b. 转移和输送

- VOCs 物料转移和输送应采用密闭管道或密闭容器等。

- 宜使用集中供漆、供胶系统。

- 宜合理布局喷漆间和供漆间，调整涂料输送线的长度。

c. 调配

- 涂料、胶粘剂等 VOCs 物料的调配作业应采用密闭设备或在密闭空间内操作，废气应排至 VOCs 废气收集处理系统；无法密闭的，应采取局部气体收集措施，废气应排至 VOCs 废气收集处理系统。

- 宜设置专门的密闭调配间。

- 宜采用自动调漆系统。

d. 施胶

- 施胶作业应在密闭空间内操作，废气应排至 VOCs 废气收集处理系统；无法密闭的，应采取局部气体收集措施，废气应排至 VOCs 废气收集处理系统。

e. 喷涂 / 涂饰

- 底漆、面漆、擦色等喷涂或涂饰应优先采用密闭设备、在密闭空间中操作或采用全密闭集气罩收集方式，并保持负压运行，设置负压标识（如飘带）；无法密闭的，应采取局部气体收集措施，推广以生产线或设备为单位设置隔间，收集风量应确保隔间保持微负压。

• 使用水性涂料的宜建设干式喷漆房；使用湿式喷漆房时，循环水泵槽 / 池和沥渣间应密闭，废气应排至 VOCs 废气收集处理系统。

• 涂装车间应根据相应的技术规范设计送排风速率，禁止通过加大送排风量或其他通风措施故意稀释排放。

f. 流平

• 参见汽车制造（含整车与零部件）。

g. 干燥

• 干燥（烘干、风干、晾干等）作业应采用密闭设备或在密闭空间内进行，废气应排至 VOCs 废气收集处理系统；无法密闭的，应采取局部气体收集措施，废气应排至 VOCs 废气收集处理系统。

h. 清洗

• 清洗作业应采用密闭设备或在密闭空间内操作，废气应排至 VOCs 废气收集处理系统；无法密闭的，应采取局部气体收集措施，废气应排至 VOCs 废气收集处理系统。

• 宜设置专门的密闭清洗间。

• 宜根据工作流程标准化清洗剂的使用量。

i. 退料

• 退净残存物料，并用密闭容器盛装。

• 退料作业应使用密闭设备或在密闭空间内操作，废气应排至 VOCs 废气收集处理系统；无法密闭的，应采取局部气体收集措施，废气应排至 VOCs 废气收集处理系统。

j. 回收

• 涂装作业结束时，除集中供漆外，应将所有剩余的 VOCs 物料密闭储存，送回至调配间或储存间。

• 对于辊涂、淋涂、往复式喷涂箱等过用 / 过喷涂料可回收的涂装设备，在涂装作业中宜设立涂料回收装置，回收过用 / 过喷的涂料，回收的涂料宜经调配后重新用于生产中。

k. 非正常工况

- 参见汽车制造（含整车与零部件）。

（3）末端治理

a. 施胶

- 溶剂型胶粘剂的施胶废气宜采用吸附浓缩 + 燃烧 / 催化氧化或其他等效方式处置。

b. 喷涂、干燥（烘干、风干、晾干等）

- 应设置高效漆雾处理装置，宜采用水帘 + 多级干式过滤除湿联合装置。新建线宜采用干式漆雾捕集过滤系统。

- 水性涂料集中自动化喷涂及溶剂型涂料的喷涂、干燥（烘干、风干、晾干等）废气宜采用吸附浓缩 + 燃烧 / 催化氧化或其他等效方式处置；小风量低浓度或不适宜浓缩脱附的废气可采用一次性活性炭吸附等工艺。

- 温度较高的烘干废气可单独处理，具备条件的可采用回收式热力或催化燃烧装置。

c. 调配、流平

- 调配废气宜采用吸附方式或其他等效方式处置。

- 调配、流平废气可与喷涂、晾（风）干废气一并处理。

d. 清洗

- 线上设备清洗废气宜与喷涂废气一并处理。

- 线下设备清洗废气宜采用吸附方式或其他等效方式处置。

e. 产业集群

- 参见汽车制造（含整车与零部件）。

3. 监测监控

- 严格执行《排污许可证申请与核发技术规范　家具制造工业》（HJ 1027—2019）、《排污单位自行监测技术指南　涂装》（HJ 1086—2020）等规定的自行监测管理要求。

- 其他相关要求参见本书第 4 部分。

4. 台账记录

• 参见汽车制造（含整车与零部件）。

5. 旁路整治

• 参见汽车制造（含整车与零部件）。

（三）机械制造（含整机与零部件）

• 机械制造业是指从事工程机械、农业机械、港口机械、化工机械及其他机械设备等生产的行业。主要涉及《国民经济行业分类》（GB/T 4754—2017）中规定的通用设备制造业（C34）、专用设备制造业（C35）等。

• 机械制造业 VOCs 排放主要来自含 VOCs 原辅材料的储存、调配、转移输送，以及机械前处理（抛丸/喷丸或喷砂、打磨等）、化学前处理（脱脂、成膜、水洗等）、喷涂（含底涂、中涂、面涂、罩光等）、流平（闪干）、干燥/固化、腻子刮涂、打磨等工序和含 VOCs 危险废物的贮存。

机械制造生产工艺流程与 VOCs 排放环节见图 1-54。

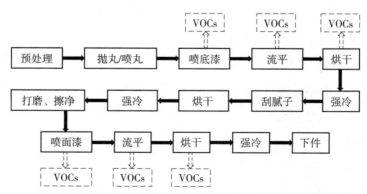

图 1-54 机械制造生产工艺流程与 VOCs 排放环节示意

1. 控制要求

• 涂料 VOCs 含量应满足《工业防护涂料中有害物质限量》（GB 30981—2020），推荐执行《低挥发性有机化合物含量涂料产品技术要求》

（GB/T 38597—2020）。

- 其他相关要求参见汽车制造（含整车与零部件）。

2. 控制技术

（1）源头削减

a. 含 VOCs 原辅材料

- 使用的涂料、清洗剂、胶粘剂中 VOCs 含量应符合表 1-7 的要求，鼓励使用符合表 1-8 要求的低 VOCs 含量涂料、清洗剂、胶粘剂。

- 推广使用水性、高固体分、粉末等低 VOCs 含量涂料。

表 1-7　机械制造业原辅材料 VOCs 含量限值

原辅材料类别		主要产品类型	限量值
粉末涂料		—	—
无溶剂涂料		—	≤100 g/L
水性涂料	工程机械和农业机械涂料（含零部件涂料）	底漆	≤300 g/L
		中涂	≤300 g/L
		面漆	≤420 g/L
		清漆	≤420 g/L
	港口机械和化工机械涂料（含零部件涂料）	车间底漆	≤300 g/L
		底漆	≤300 g/L
		中涂	≤250 g/L
		面漆	≤300 g/L
		清漆	≤300 g/L
	其他	底漆	≤250 g/L
		中涂	≤200 g/L
		面漆	≤300 g/L
		清漆	≤300 g/L

续表

原辅材料类别		主要产品类型		限量值
溶剂型涂料	工程机械和农业机械涂料（含零部件涂料）	底漆		≤540 g/L
		中涂		≤540 g/L
		面漆		≤550 g/L
		清漆		≤550 g/L
	港口机械和化工机械涂料（含零部件涂料）	车间底漆		≤680 g/L
		底漆	无机	≤600 g/L
			其他	≤550 g/L
		中涂		≤500 g/L
		面漆		≤500 g/L
		清漆		≤500 g/L
		特种涂料（耐高温涂料等）		≤650 g/L
	其他	底漆		≤500 g/L
		中涂		≤480 g/L
		面漆		≤550 g/L
		清漆		≤550 g/L
辐射固化涂料	水性	喷涂		≤400 g/L
		其他		≤150 g/L
	非水性	喷涂		≤550 g/L
		其他		≤200 g/L
水基清洗剂		—		≤50 g/L
半水基清洗剂		—		≤300 g/L
有机溶剂清洗剂		—		≤900 g/L
水基型胶粘剂		聚乙酸乙烯酯类		≤100 g/L
		橡胶类		≤100 g/L
		聚氨酯类		≤50 g/L
		醋酸乙烯 - 乙烯共聚乳液类		≤50 g/L
		丙烯酸酯类		≤50 g/L
		其他		≤50 g/L

续表

原辅材料类别	主要产品类型	限量值
本体型胶粘剂	有机硅类	≤100 g/kg
	MS 类	≤100 g/kg
	聚氨酯类	≤50 g/kg
	聚硫类	≤50 g/kg
	丙烯酸酯类	≤200 g/kg
	环氧树脂类	≤100 g/kg
	α - 氰基丙烯酸类	≤20 g/kg
	热塑类	≤50 g/kg
	其他	≤50 g/kg
溶剂型胶粘剂	氯丁橡胶类	≤600 g/L
	苯乙烯 - 丁二烯 - 苯乙烯嵌段共聚物橡胶类	≤550 g/L
	聚氨酯类	≤250 g/L
	丙烯酸酯类	≤510 g/L
	其他	≤250 g/L

表 1-8　机械制造业低 VOCs 含量原辅材料 VOCs 含量限值

原辅材料类别		主要产品类型	限量值
粉末涂料		—	—
无溶剂涂料		—	≤60 g/L
水性涂料	工程机械和农业机械涂料（含零部件涂料）	底漆	≤250 g/L
		中涂	≤250 g/L
		面漆	≤300 g/L
		清漆	≤300 g/L
	港口机械和化工机械涂料（含零部件涂料）	底漆	≤250 g/L
		中涂	≤200 g/L
		面漆	≤250 g/L
		清漆	≤250 g/L

续表

原辅材料类别		主要产品类型		限量值
溶剂型涂料	工程机械和农业机械涂料（含零部件涂料）	底漆		≤420 g/L
		中涂		≤420 g/L
		面漆	单组分	≤480 g/L
			双组分	≤420 g/L
		清漆	单组分	≤480 g/L
			双组分	≤420 g/L
	港口机械和化工机械涂料（含零部件涂料）	车间底漆（无机）		≤580 g/L
		底漆		≤420 g/L
		中涂		≤420 g/L
		面漆		≤450 g/L
		清漆		≤480 g/L
辐射固化涂料	金属基材与塑胶基材	喷涂		≤350 g/L
		其他		≤100 g/L
	木质基材	水性		≤200 g/L
		非水性		≤100 g/L
水基清洗剂		—		≤50 g/L
半水基清洗剂		—		≤100 g/L
水基型胶粘剂		聚乙酸乙烯酯类		≤100 g/L
		橡胶类		≤100 g/L
		聚氨酯类		≤50 g/L
		醋酸乙烯-乙烯共聚乳液类		≤50 g/L
		丙烯酸酯类		≤50 g/L
		其他		≤50 g/L
本体型胶粘剂		有机硅类		≤100 g/kg
		MS 类		≤100 g/kg
		聚氨酯类		≤50 g/kg
		聚硫类		≤50 g/kg
		丙烯酸酯类		≤200 g/kg
		环氧树脂类		≤100 g/kg
		α-氰基丙烯酸类		≤20 g/kg
		热塑类		≤50 g/kg
		其他		≤50 g/kg

b. 涂装工艺

• 除大型起重机局部修补等大型构件特殊作业外，禁止敞开式喷涂、晾（风）干作业；对于确需露天涂装的，应采用符合国家或地方标准要求的低（无）VOCs 含量涂料，或使用移动式废气收集治理设施。

• 大型构件喷涂可采用组件拆分、分段喷涂方式，兼用滑轨或吊轨运输、可移动喷涂房等装备。

• 宜采用自动喷涂、静电喷涂或无气喷涂等高效涂装技术，减少使用手动空气喷涂技术。

（2）过程控制

a. 储存

• 涂料、固化剂、稀释剂、清洗剂、胶粘剂、密封胶等 VOCs 物料应密闭储存。

• 其他相关要求参见汽车制造（含整车与零部件）。

b. 转移和输送

• VOCs 物料转移和输送应采用密闭管道或密闭容器等。

• 宜采用集中供漆系统。

• 宜合理布局喷漆间和供漆间，调整涂料输送线的长度。

c. 调配

• 参见家具制造。

d. 喷涂

• 底漆、面漆等喷涂作业应优先采用密闭设备、在密闭空间中操作或采用全密闭集气罩收集方式，并保持负压运行，设置负压标识（如飘带）；无法密闭的，应采取局部气体收集措施，推广以生产线或设备为单位设置隔间，收集风量应确保隔间保持微负压。

• 新建线宜建设干式喷漆房，采用自动化涂装设备；使用湿式喷漆房时，循环水泵间和刮渣间应密闭，废气应排至 VOCs 废气收集处理系统。

• 涂装车间应根据相应的技术规范设计送排风速率，禁止通过加大送排风量或其他通风措施故意稀释排放。

- 宜实施工料定额管理。

e. 流平

- 参见汽车制造（含整车与零部件）。

f. 干燥

- 参见家具制造。

g. 清洗

- 清洗作业应采用密闭设备或在密闭空间内操作，废气应排至 VOCs 废气收集处理系统；无法密闭的，应采取局部气体收集措施，废气应排至 VOCs 废气收集处理系统。

- 宜设置喷枪等设备专门的密闭清洗间。

- 宜设置自动清洗供漆管路系统。

h. 补漆

- 补漆作业应在密闭空间内操作，废气应排至 VOCs 废气收集处理系统；无法密闭的，应采取局部气体收集措施，废气应排至 VOCs 废气收集处理系统。

i. 回收

- 涂装作业结束时，除集中供漆外，应将所有剩余的 VOCs 物料密闭储存，送回至调配间或储存间。

- 对于辊涂等涂料可回收的工艺设备，在涂装作业中宜设立涂料回收装置，回收多余的涂料，回收的涂料宜重新用于生产中。

- 宜设置废溶剂密闭回收系统。

j. 非正常工况

- 参见汽车制造（含整车与零部件）。

（3）末端治理

a. 喷涂、晾（风）干

- 应设置高效漆雾处理装置，宜采用文丘里/水旋/水幕湿法漆雾捕

集 + 多级干式过滤除湿联合装置；新建线宜采用干式漆雾捕集过滤系统。

● 喷涂、晾（风）干废气宜采用吸附浓缩 + 燃烧或其他等效方式处置；小风量低浓度或不适宜浓缩脱附的废气可采用一次性活性炭吸附等工艺。

b. 烘干

● 使用溶剂型涂料的生产线，烘干废气宜采用热力焚烧 / 催化燃烧或其他等效方式单独处理。

● 使用水性涂料的生产线，低浓度烘干废气可采用喷淋 + 除湿 + 活性炭吸附或其他等效方式处置；与喷涂废气混合后温度不高于 40℃时，可采用活性炭吸附或其他等效方式处置。

c. 调配、流平

● 参见家具制造。

d. 清洗、补漆

● 线下清洗、补漆废气宜采用吸附方式或其他等效方式处置。

e. 产业集群

● 参见汽车制造（含整车与零部件）。

3. 监测监控

● 严格执行《排污许可证申请与核发技术规范　总则》（HJ 942—2018）、《排污单位自行监测技术指南　涂装》（HJ 1086—2020）等规定的自行监测管理要求。

● 其他相关要求参见本书第 4 部分。

4. 台账记录

● 参见汽车制造（含整车与零部件）。

5. 旁路整治

● 参见汽车制造（含整车与零部件）。

（四）钢结构制造

• 钢结构是指由钢板、型钢、钢管、钢索等钢材，用焊、铆、螺栓等连接而成的重载、高耸、大跨、轻型的结构形式。主要涉及《国民经济行业分类》（GB/T 4754—2017）中规定的金属结构制造（C3311）等。

• 钢结构制造业 VOCs 排放主要来自含 VOCs 原辅材料的储存、调配、转移输送，以及表面预处理（脱脂、除旧漆、打磨等）、喷涂（含底涂、中涂、面涂、罩光等）、流平（闪干）、干燥/固化等工序和含 VOCs 危险废物的贮存。

钢结构制造生产工艺流程与 VOCs 排放环节见图 1-55。

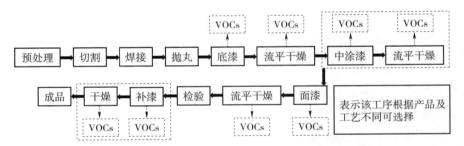

图 1-55 钢结构制造生产工艺流程与 VOCs 排放环节示意

1. 控制要求

• 参见机械制造（含整机与零部件）。

2. 控制技术

（1）源头削减

a. 含 VOCs 原辅材料

• 使用的涂料、清洗剂、胶粘剂中 VOCs 含量应符合表 1-9 的要求，鼓励使用符合表 1-10 要求的低 VOCs 含量涂料、清洗剂、胶粘剂。

• 推广使用高固体分、无溶剂、水性等低 VOCs 含量涂料。

表 1-9　钢结构制造业原辅材料 VOCs 含量限值

原辅材料类别	主要产品类型			限量值
无溶剂涂料	—			≤100 g/L
水性涂料	金属基材防腐涂料	单组分	醇酸树脂涂料	≤350 g/L
			其他　底漆	≤300 g/L
			其他　面漆	≤550 g/L
			其他　效应颜料漆	≤420 g/L
		双组分	车间底漆	≤300 g/L
			底漆	≤550 g/L
			中涂	≤420 g/L
			面漆	≤300 g/L
			效应颜料漆	≤420 g/L
	混凝土防护涂料	封闭底漆		≤300 g/L
		底漆		≤250 g/L
		中涂		≤250 g/L
		面漆		≤300 g/L
	其他	—		≤300 g/L
溶剂型涂料	金属基材防腐涂料	车间底漆	无机	≤720 g/L
			有机	≤650 g/L
		无机锌底漆		≤600 g/L
		单组分涂料		≤630 g/L
		双组分涂料	底漆	≤500 g/L
			中涂	≤500 g/L
			面漆	≤550 g/L
			清漆	≤580 g/L
	混凝土防护涂料	封闭底漆		≤700 g/L
		底漆		≤540 g/L
		中涂		≤540 g/L
		面漆		≤550 g/L
	特种涂料（耐高温涂料、耐化学品涂料、联接漆等）	—		≤650 g/L
	其他	—		≤550 g/L

续表

原辅材料类别	主要产品类型	限量值
水基清洗剂	—	≤50 g/L
半水基清洗剂	—	≤300 g/L
有机溶剂清洗剂	—	≤900 g/L
水基型胶粘剂	聚乙酸乙烯酯类	≤100 g/L
	聚乙烯醇类	≤100 g/L
	橡胶类	≤150 g/L
	聚氨酯类	≤100 g/L
	醋酸乙烯 - 乙烯共聚乳液类	≤50 g/L
	丙烯酸酯类	≤100 g/L
	其他	≤50 g/L
本体型胶粘剂	有机硅类	≤100 g/kg
	MS 类	≤100 g/kg
	聚氨酯类	≤50 g/kg
	聚硫类	≤50 g/kg
	环氧树脂类	≤100 g/kg
	α - 氰基丙烯酸类	≤20 g/kg
	热塑类	≤50 g/kg
	其他	≤50 g/kg
溶剂型胶粘剂	氯丁橡胶类	≤650 g/L
	苯乙烯 - 丁二烯 - 苯乙烯嵌段共聚物橡胶类	≤550 g/L
	聚氨酯类	≤500 g/L
	丙烯酸酯类	≤510 g/L
	其他	≤500 g/L

表 1-10　钢结构制造业低 VOCs 含量原辅材料 VOCs 含量限值

原辅材料类别		主要产品类型		限量值
无溶剂涂料		—		≤60 g/L
水性涂料	金属基材防腐涂料	单组分	底漆	≤200 g/L
			面漆	≤250 g/L
		双组分	底漆	≤250 g/L
			中涂	≤200 g/L
			面漆	≤250 g/L
	混凝土防护涂料	封闭底漆		≤250 g/L
		底漆		≤200 g/L
		中涂		≤200 g/L
		面漆		≤250 g/L
溶剂型涂料	金属基材防腐涂料	车间底漆（无机）		≤580 g/L
		无机锌底漆		≤550 g/L
		单组分		≤500 g/L
		双组分	底漆	≤450 g/L
			中涂	≤420 g/L
			面漆	≤450 g/L
			清漆	≤480 g/L
	混凝土防护涂料	底漆		≤450 g/L
		中涂		≤420 g/L
		面漆		≤450 g/L
水基清洗剂		—		≤50 g/L
半水基清洗剂		—		≤100 g/L
水基型胶粘剂		聚乙酸乙烯酯类		≤100 g/L
		聚乙烯醇类		≤100 g/L
		橡胶类		≤150 g/L
		聚氨酯类		≤100 g/L
		醋酸乙烯 - 乙烯共聚乳液类		≤50 g/L
		丙烯酸酯类		≤100 g/L
		其他		≤50 g/L

续表

原辅材料类别	主要产品类型	限量值
本体型胶粘剂	有机硅类	≤100 g/kg
	MS 类	≤100 g/kg
	聚氨酯类	≤50 g/kg
	聚硫类	≤50 g/kg
	环氧树脂类	≤100 g/kg
	α - 氰基丙烯酸类	≤20 g/kg
	热塑类	≤50 g/kg
	其他	≤50 g/kg

b. 涂装工艺

• 逐步淘汰非必需的露天喷涂，推进室内作业；对于确需露天涂装的，应采用符合国家或地方标准要求的低（无）VOCs 含量涂料，或使用移动式废气收集治理设施。

• 推进使用滑轨或吊轨运输、可移动喷涂房等装备。

• 宜采用高压无气喷涂、热喷涂等高效涂装技术。

（2）过程控制

a. 储存

• 参见机械制造（含整机与零部件）。

b. 转移和输送

• 参见机械制造（含整机与零部件）。

c. 调配

• 参见家具制造。

d. 喷涂

• 喷涂作业应优先采用密闭设备、在密闭空间中操作或采用全密闭集气罩收集方式，并保持负压运行，设置负压标识（如飘带）；无法密闭的，应采取局部气体收集措施，推广以生产线或设备为单位设置隔间，收集风量应确保隔间保持微负压。

- 新建线宜建设干式喷漆房；使用湿式喷漆房时，循环水泵间和刮渣间应密闭，废气应排至 VOCs 废气收集处理系统。

- 涂装车间应根据相应的技术规范设计送排风速率，禁止通过加大送排风量或其他通风措施故意稀释排放。

e. 流平

- 参见汽车制造（含整车与零部件）。

f. 干燥

- 参见家具制造。

g. 清洗

- 清洗过程应采用密闭设备或在密闭空间内操作，产生的废气应排至 VOCs 废气收集处理系统；无法密闭的，应采取局部气体收集措施，废气应排至 VOCs 废气收集处理系统。

- 宜设置喷枪等设备专门的密闭清洗间。

h. 补漆

- 参见机械制造（含整机与零部件）。

i. 回收

- 参见机械制造（含整机与零部件）。

j. 非正常工况

- 参见汽车制造（含整车与零部件）。

（3）末端治理

a. 喷涂、晾（风）干

- 应设置高效漆雾处理装置，宜采用多级漆雾捕集装置。

- 喷涂、晾（风）干废气宜采用吸附浓缩 + 燃烧或其他等效方式处置，不适宜浓缩脱附的废气可采用一次性活性炭吸附等工艺。

b. 调配、流平

- 参见家具制造。

c. 清洗、补漆

• 清洗、补漆废气宜采用吸附方式或其他等效方式处置。

d. 产业集群

• 以使用活性炭吸附技术为主的集群，宜统筹规划建设活性炭集中再生中心。

3. 监测监控

• 参见机械制造（含整机与零部件）。

4. 台账记录

• 参见汽车制造（含整车与零部件）。

5. 旁路整治

• 参见汽车制造（含整车与零部件）。

（五）金属船舶制造（不含舾装件）

• 金属船舶制造是指以钢质、铝质等各种金属为主要材料，建造远洋、近海或内陆河湖金属船舶。主要涉及《国民经济行业分类》（GB/T 4754—2017）中规定的金属船舶制造（C3731）等。

• 金属船舶制造（不含舾装件）VOCs 排放主要来自含 VOCs 原辅材料的储存、调配、转移输送，以及车间底涂、分段涂装、船坞涂装、码头涂装等工序和含 VOCs 危险废物的贮存。

金属船舶制造（不含舾装件）生产工艺流程与 VOCs 排放环节见图 1-56。

图 1-56　金属船舶制造（不含舾装件）生产工艺流程与 VOCs 排放环节示意

1. 控制要求

• 涂料 VOCs 含量应满足《船舶涂料中有害物质限量》（GB 38469—

2019)，推荐执行《低挥发性有机化合物含量涂料产品技术要求》(GB/T 38597—2020)。

- 其他相关要求参见汽车制造（含整车与零部件）。

2. 控制技术

（1）源头削减

a. 含 VOCs 原辅材料

- 使用的涂料、清洗剂、胶粘剂中 VOCs 含量应符合表 1-11 的要求，鼓励使用符合表 1-12 要求的低 VOCs 含量涂料、清洗剂、胶粘剂。

- 推广使用高固体分等低 VOCs 含量涂料，上建内部和机舱内部推广使用水性等低 VOCs 含量涂料。

表 1-11　船舶制造业原辅材料 VOCs 含量限值

原辅材料类别	主要产品类型		限量值
溶剂型涂料	车间底漆	无机类	≤700 g/L
		有机类	≤680 g/L
	底漆		≤550 g/L
	面漆		≤500 g/L
	通用底漆		≤400 g/L
	防污漆	含生物杀伤剂的自抛光型、磨蚀型、非自抛光型、非磨蚀型防污漆	≤500 g/L
		不含生物杀伤剂的非自抛光型或非磨蚀型的防污漆	≤450 g/L
	维修漆		≤600 g/L
	其他涂料（如标志漆、防锈油等）		≤500 g/L
水基清洗剂	—		≤50 g/L
半水基清洗剂	—		≤300 g/L
有机溶剂清洗剂	—		≤900 g/L
水基型胶粘剂	聚乙酸乙烯酯类、橡胶类、聚氨酯类、醋酸乙烯 - 乙烯共聚乳液类、丙烯酸酯类		≤50 g/L
	其他		≤50 g/L

续表

原辅材料类别	主要产品类型	限量值
本体型胶粘剂	有机硅类、MS 类、环氧树脂类	≤100 g/kg
	聚氨酯类、聚硫类、热塑类	≤50 g/kg
	丙烯酸酯类	≤200 g/kg
	α - 氰基丙烯酸类	≤20 g/kg
	其他	≤50 g/kg
溶剂型胶粘剂	氯丁橡胶类	≤600 g/L
	苯乙烯 - 丁二烯 - 苯乙烯嵌段共聚物橡胶类	≤500 g/L
	聚氨酯类	≤250 g/L
	丙烯酸酯类	≤510 g/L
	其他	≤250 g/L

表 1-12　船舶制造业低 VOCs 含量原辅材料 VOCs 含量限值

原辅材料类别	主要产品类型		限量值
水性涂料	上建内部和机舱内部用涂料		≤200 g/L
溶剂型涂料	车间底漆（无机）		≤580 g/L
	底漆	无机锌底漆	≤550 g/L
		其他	≤450 g/L
	面漆		≤450 g/L
	通用底漆 / 压载舱漆		≤350 g/L
	防污漆	含生物杀伤剂的自抛光型、磨蚀型、非自抛光型、非磨蚀型防污漆	≤450 g/L
		不含生物杀伤剂的非自抛光型或非磨蚀型的防污漆	≤400 g/L
	特种涂料（耐高温漆、耐化学品漆等）		≤500 g/L
水基清洗剂	—		≤50 g/L
半水基清洗剂	—		≤100 g/L

续表

原辅材料类别	主要产品类型	限量值
水基型胶粘剂	聚乙酸乙烯酯类、橡胶类、聚氨酯类、醋酸乙烯 - 乙烯共聚乳液类、丙烯酸酯类	≤50 g/L
	其他	≤50 g/L
本体型胶粘剂	有机硅类、MS 类、环氧树脂类	≤100 g/kg
	聚氨酯类、聚硫类、热塑类	≤50 g/kg
	丙烯酸酯类	≤200 g/kg
	α - 氰基丙烯酸类	≤20 g/kg
	其他	≤50 g/kg

b. 涂装工艺

• 除大型构件特殊作业（如分段总组、船台、船坞、造船码头等涂装工序）外，禁止敞开式喷涂；对于确需露天涂装的，应采用符合国家或地方标准要求的低（无）VOCs 含量涂料，或使用移动式废气收集治理设施。

• 大型构件喷涂可采用组件拆分、分段喷涂方式，兼用滑轨或吊轨运输、可移动喷涂房等装备。

• 车间底涂宜采用辊涂工艺，分段涂装、船坞涂装以及码头涂装宜采用高压无气喷涂、混气喷涂等高效涂装技术，减少使用手动空气喷涂技术。

（2）过程控制

a. 储存

• 参见机械制造（含整机与零部件）。

b. 转移和输送

• 参见机械制造（含整机与零部件）。

c. 调配

• 参见家具制造。

d. 喷涂 / 涂饰

• 分段涂装底漆、面漆等喷涂或涂饰作业应优先采用密闭设备、在密闭空间中操作或采用全密闭集气罩收集方式，并保持负压运行，设置负压标识（如飘带）；无法密闭的，应采取局部气体收集措施，推广以生产线或设备为单位设置隔间，收集风量应确保隔间保持微负压。

• 合拢阶段涂装过程可采用移动式 VOCs 废气收集处理系统。

• 涂装车间应根据相应的技术规范设计送排风速率，禁止通过加大送排风量或其他通风措施故意稀释排放。

e. 分段涂装流平

• 参见汽车制造（含整车与零部件）。

f. 分段涂装干燥

• 参见家具制造。

g. 清洗

• 参见钢结构制造。

h. 回收

• 参见机械制造（含整机与零部件）。

i. 非正常工况

• 参见汽车制造（含整车与零部件）。

（3）末端治理

a. 调配

• 参见汽车制造（含整车与零部件）。

b. 喷涂、流平、干燥（烘干、风干、晾干等）

• 分段涂装过程应设置高效漆雾处理装置，宜采用多级漆雾捕集装置。

• 分段涂装过程喷涂、流平、干燥（烘干、风干、晾干等）废气宜采用吸附浓缩＋燃烧 / 催化氧化或其他等效方式处置，不适宜浓缩脱附的废气可采用一次性活性炭吸附等工艺。

- 合拢阶段涂装过程可采用移动式活性炭吸附＋催化燃烧或其他等效方式处置，不适宜浓缩脱附的废气可采用移动式一次性活性炭吸附等工艺。

c. 清洗

- 设备清洗废气宜采用吸附方式或其他等效方式处置。

d. 产业集群

- 参见钢结构制造。

3. 监测监控

- 严格执行《排污许可证申请与核发技术规范　总则》（HJ 942—2018）、《排污单位自行监测技术指南　涂装》（HJ 1086—2020）、《排污许可证申请与核发技术规范　铁路、船舶、航空航天和其他运输设备制造业》（HJ 1124—2020）等规定的自行监测管理要求。

- 其他相关要求参见本书第 4 部分。

4. 台账记录

- 参见汽车制造（含整车与零部件）。

5. 旁路整治

- 参见汽车制造（含整车与零部件）。

（六）集装箱制造

- 集装箱制造一般包括钢材预处理、成型加工、焊接组装、整箱喷砂、涂装及完工线装配等工艺过程。主要涉及《国民经济行业分类》（GB/T 4754—2017）中规定的集装箱制造（C3331）等。

- 集装箱制造业 VOCs 排放主要来自含 VOCs 原辅材料的储存、调配、转移输送，以及富锌漆、中涂漆、面漆、修补漆、沥青漆等涂料的喷涂、烘干等工序和含 VOCs 危险废物的贮存。

普通（干货）集装箱生产工艺流程与 VOCs 排放环节见图 1-57。

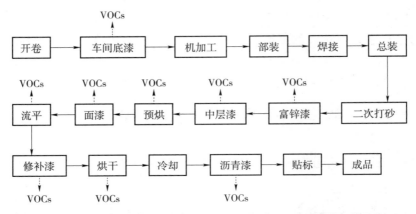

图 1-57　普通（干货）集装箱生产工艺流程与 VOCs 排放环节示意

1. 控制要求

- 参见机械制造（含整机与零部件）。

2. 控制技术

（1）源头削减

a. 含 VOCs 原辅材料

- 使用的涂料、清洗剂、胶粘剂中 VOCs 含量应符合表 1-13 的要求，鼓励使用符合表 1-14 要求的低 VOCs 含量涂料、清洗剂、胶粘剂。

- 钢制集装箱在箱内涂装、箱外涂装、底架涂装和木地板涂装等工序中可全部使用水性等低 VOCs 含量涂料；特种集装箱在确保防腐蚀功能的前提下，推广使用水性等低 VOCs 含量涂料。

表 1-13　集装箱制造业原辅材料 VOCs 含量限值

原辅材料类别	主要产品类型	限量值
水性涂料	底漆	≤350 g/L
	中涂	≤250 g/L
	面漆	≤300 g/L

续表

原辅材料类别	主要产品类型	限量值
溶剂型涂料	车间底漆喷涂	≤700 g/L
	车间底漆辊涂	≤650 g/L
	底漆	≤550 g/L
	中涂	≤500 g/L
	面漆	≤550 g/L
水基清洗剂	—	≤50 g/L
半水基清洗剂	—	≤300 g/L
有机溶剂清洗剂	—	≤900 g/L
水基型胶粘剂	聚乙酸乙烯酯类、橡胶类、聚氨酯类、醋酸乙烯 - 乙烯共聚乳液类、丙烯酸酯类	≤50 g/L
	其他	≤50 g/L
本体型胶粘剂	有机硅类、MS 类、环氧树脂类	≤100 g/kg
	聚氨酯类、聚硫类、热塑类	≤50 g/kg
	丙烯酸酯类	≤200 g/kg
	α - 氰基丙烯酸类	≤20 g/kg
	其他	≤50 g/kg
溶剂型胶粘剂	氯丁橡胶类	≤600 g/L
	苯乙烯 - 丁二烯 - 苯乙烯嵌段共聚物橡胶类	≤500 g/L
	聚氨酯类	≤250 g/L
	丙烯酸酯类	≤510 g/L
	其他	≤250 g/L

表 1-14　集装箱制造业低 VOCs 含量原辅材料 VOCs 含量限值

原辅材料类别	主要产品类型	限量值
水性涂料	底漆	≤320 g/L
	中涂	≤200 g/L
	面漆	≤250 g/L

挥发性有机物治理实用手册（第二版）

续表

原辅材料类别	主要产品类型	限量值
水基清洗剂	—	≤50 g/L
半水基清洗剂	—	≤100 g/L
水基型胶粘剂	聚乙酸乙烯酯类、橡胶类、聚氨酯类、醋酸乙烯-乙烯共聚乳液类、丙烯酸酯类	≤50 g/L
	其他	≤50 g/L
本体型胶粘剂	有机硅类、MS类、环氧树脂类	≤100 g/kg
	聚氨酯类、聚硫类、热塑类	≤50 g/kg
	丙烯酸酯类	≤200 g/kg
	α-氰基丙烯酸类	≤20 g/kg
	其他	≤50 g/kg

b. 涂装工艺

• 宜采用辊涂、高流量低压力（HVLP）喷涂等高效涂装技术，减少使用手动空气喷涂技术。

• 一次打砂车间宜采用自动辊涂工艺进行车间底漆的施工，从钢板开卷至压型完成，在自动流水线中一次完成。

• 箱体内外表面宜采用往复式喷枪、机械手等自动涂装技术。

（2）过程控制

a. 储存

• 涂料（富锌漆、中涂漆、面漆、修补漆、沥青漆等）、固化剂、稀释剂、清洗剂、胶粘剂、密封胶等 VOCs 物料应密闭储存。

• 其他相关要求参见汽车制造（含整车与零部件）。

b. 转移和输送

• 参见机械制造（含整机与零部件）。

c. 调配

• 参见家具制造。

d. 喷涂

• 参见机械制造（含整机与零部件）。

e. 流平

• 参见汽车制造（含整车与零部件）。

f. 干燥

• 参见家具制造。

g. 清洗

• 参见机械制造（含整机与零部件）。

h. 回收

• 参见机械制造（含整机与零部件）。

i. 非正常工况

• 参见汽车制造（含整车与零部件）。

（3）末端治理

a. 喷涂、烘干

• 应设置高效漆雾处理装置，宜采用湿式水帘 + 多级干式过滤除湿联合装置。

• 喷涂废气宜采用吸附浓缩 + 燃烧 / 催化氧化或其他等效方式处置，小风量低浓度或不适宜浓缩脱附的废气可采用一次性活性炭吸附等工艺。

• 温度较高的烘干废气可单独处置，可采用热力燃烧 / 催化燃烧或其他等效方式处置。

• 规模较大的集装箱企业沥青底漆宜采用固定床吸脱附 + 催化燃烧或其他等效的治理方式处置；规模较小的集装箱企业沥青底漆可采用一次性活性炭吸附等工艺。

b. 调配、流平

• 参见家具制造。

c. 清洗

• 线上设备清洗废气宜与喷涂废气一并处理。

3. 监测监控

• 参见机械制造（含整机与零部件）。

4. 台账记录

• 参见汽车制造（含整车与零部件）。

5. 旁路整治

• 参见汽车制造（含整车与零部件）。

（七）其他工业涂装

• 工业涂装是指为保护或装饰加工对象，在加工对象表面覆以涂料膜层的生产过程。

• 工业涂装过程中的 VOCs 主要来自含 VOCs 原辅材料的储存、调配、转移输送，以及调漆、喷漆、流平、烘干、清洗等涂装工序和含 VOCs 危险废物的贮存。

• 汽车制造（含整车与零部件）、家具制造、机械制造（含整机与零部件）、钢结构制造、金属船舶制造（不含舾装件）、集装箱制造 6 个制造业参见相应行业技术指南。

1. 控制要求

• 涂料 VOCs 含量应满足《工业防护涂料中有害物质限量》（GB 30981—2020）、《木器涂料中有害物质限量》（GB 18581—2020）等，推荐执行《低挥发性有机化合物含量涂料产品技术要求》（GB/T 38597—2020）。

• 其他相关要求参见汽车制造（含整车与零部件）。

2. 控制技术

（1）源头削减

a. 含 VOCs 原辅材料

• 使用的涂料、清洗剂、胶粘剂中 VOCs 含量的限值应符合《工业防护涂料中有害物质限量》（GB 30981—2020）、《木器涂料中有害物质限量》

（GB 18581—2020）、《清洗剂挥发性有机化合物含量限值》（GB 38508—2020）、《胶粘剂挥发性有机化合物限量》（GB 33372—2020）等标准的要求。

• 鼓励使用符合《低挥发性有机化合物含量涂料产品技术要求》（GB/T 38597—2020）规定的水性、高固体分、无溶剂、辐射固化、粉末等低 VOCs 含量涂料，符合《清洗剂挥发性有机化合物含量限值》（GB 38508—2020）规定的水基、半水基等低 VOCs 含量清洗剂，符合《胶粘剂挥发性有机化合物限量》（GB 33372—2020）规定的水基型、本体型等低 VOCs 含量胶粘剂。

b. 涂装工艺

• 除大型构件特殊作业外，禁止敞开式喷涂、晾（风）干作业；对于确需露天涂装的，应采用符合国家或地方标准要求的低（无）VOCs 含量涂料，或使用移动式废气收集治理设施。

• 大型构件喷涂可采用组件拆分、分段喷涂方式，兼用滑轨或吊轨运输、可移动喷涂房等装备。

• 宜采用辊涂、淋涂、浸涂、静电喷涂、自动喷涂、高压无气喷涂或高流量低压力（HVLP）喷枪等高效涂装技术，减少使用手动空气喷涂技术。

（2）过程控制

a. 储存

• 参见机械制造（含整机与零部件）。

b. 转移和输送

• 参见机械制造（含整机与零部件）。

c. 调配

• 参见家具制造。

d. 喷涂

• 喷涂作业应优先采用密闭设备、在密闭空间中操作或采用全密闭集气罩收集方式，并保持负压运行，设置负压标识（如飘带）；无法密闭的，应采取局部气体收集措施，推广以生产线或设备为单位设置隔间，收集风量应确保隔间保持微负压。

- 新建线宜建设干式喷漆房，鼓励使用全自动喷漆和循环风工艺；使用湿式喷漆房时，循环水泵间和刮渣间应密闭，废气应排至 VOCs 废气收集处理系统。

- 涂装车间应根据相应的技术规范设计送排风速率，禁止通过加大送排风量或其他通风措施故意稀释排放。

e. 流平

- 参见汽车制造（含整车与零部件）。

f. 干燥

- 参见家具制造。

g. 清洗

- 设备清洗应采用密闭设备或在密闭空间内操作，换色清洗应在密闭空间内操作，产生的废气应排至 VOCs 废气收集处理系统；无法密闭的，应采取局部气体收集措施，废气应排至 VOCs 废气收集处理系统。

- 使用多种颜色漆料的，宜设置分色区，相同颜色集中喷涂，降低换色清洗频次和减少清洗溶剂消耗量。

h. 回收

- 参见机械制造（含整机与零部件）。

i. 非正常工况

- 参见汽车制造（含整车与零部件）。

（3）末端治理

a. 喷涂、晾（风）干

- 应设置高效漆雾处理装置，宜采用文丘里／水旋／水幕湿法漆雾捕集＋多级干式过滤除湿联合装置；建设条件可行的，新建线可采用干式漆雾捕集过滤系统。

- 喷涂、晾（风）干废气宜采用吸附浓缩 + 燃烧或其他等效方式处置；小风量低浓度或不适宜浓缩脱附的废气可采用一次性活性炭吸附等工艺。

b. 烘干

- 参见机械制造（含整机与零部件）。

c. 调配、流平（含闪干）

- 参见家具制造。

d. 清洗

- 参见家具制造。

e. 产业集群

- 参见汽车制造（含整车与零部件）。

3. 监测监控

- 严格执行《排污许可证申请与核发技术规范　总则》（HJ 942—2018）、《排污单位自行监测技术指南　涂装》（HJ 1086—2020）、《排污许可证申请与核发技术规范　铁路、船舶、航空航天和其他运输设备制造业》（HJ 1124—2020）等规定的自行监测管理要求。

- 其他相关要求参见本书第 4 部分。

4. 台账记录

- 参见汽车制造（含整车与零部件）。

5. 旁路整治

- 参见汽车制造（含整车与零部件）。

四、其他溶剂使用行业

（一）包装印刷

• 包装印刷按照承印材料可分为塑料、纸制品、金属（以印铁制罐为主）以及其他类包装印刷。主要涉及《国民经济行业分类》（GB/T 4754—2017）中规定的包装装潢及其他印刷（C2319）等。

• 包装印刷生产一般包括印前、印刷、印后加工三个工艺过程。印前过程主要包括制版及印前处理（洗罐、涂布等）等工序。印刷过程主要包括油墨调配和输送、印刷、在机上光、烘干等工序，以及橡皮布清洗和墨路清洗等配套工序。印后过程主要包括装订、表面整饰和包装成型工序。装订可分为精装、平装、骑马装订等；表面整饰工序包括覆膜、上光、烫箔、模切等；包装成型工序包括胶粘剂及光油调配和输送、复合、烘干、糊盒、制袋、装裱、裁切等。

• 包装印刷行业 VOCs 排放主要来自含 VOCs 原辅材料的储存、调配、转移输送，以及印刷、润版、烘干、清洗、上光、覆膜、复合、涂布等工序和含 VOCs 危险废物的贮存。其中，采用凹版印刷工艺的塑料、纸包装印刷 VOCs 主要产生于印刷和复合工序，金属包装印刷 VOCs 主要产生于印刷和涂布工序，采用平版印刷工艺的纸包装印刷 VOCs 主要产生于润版和清洗工序。

包装印刷生产工艺流程与 VOCs 排放环节见图 1-58。

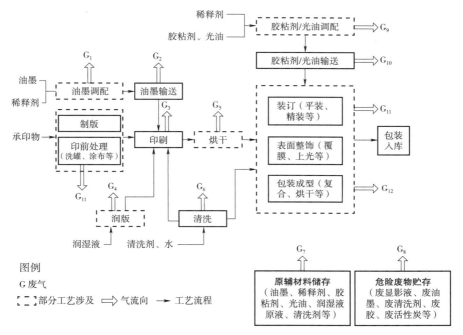

图 1-58　包装印刷生产工艺流程与 VOCs 排放环节示意

1. 控制要求

• VOCs 排放应满足《大气污染物综合排放标准》(GB 16297—1996)、《挥发性有机物无组织排放控制标准》(GB 37822—2019)。

• 油墨 VOCs 含量应满足《油墨中可挥发性有机化合物（VOCs）含量限值》(GB 38507—2020)；胶粘剂 VOCs 含量应满足《胶粘剂挥发性有机化合物限量》(GB 33372—2020)；清洗剂 VOCs 含量应满足《清洗剂挥发性有机化合物含量限值》(GB 38508—2020)；涂料 VOCs 含量应满足《工业防护涂料中有害物质限量》(GB 30981—2020)，推荐执行《低挥发性有机化合物含量涂料产品技术要求》(GB/T 38597—2020)。

• 有更严格地方排放控制标准和产品质量标准的，应执行地方标准。

2. 控制技术

（1）源头削减

a. 塑料包装印刷

• 可采用低 VOCs 含量的原辅材料或先进的工艺设备对 VOCs 进行源头削减。原辅材料及工艺技术的适用范围及要求见表 1-15 和表 1-16。

表 1-15　塑料包装印刷低 VOCs 含量原辅材料

原辅材料类型	适用范围	VOCs 含量限值
水性凹印油墨	适用于塑料表印、塑料轻包装以及部分塑料里印凹版印刷工艺	≤30%
水性柔印油墨	适用于塑料包装、标签的柔版印刷工艺	≤25%
水基型胶粘剂	适用于方便面包装袋、膨化食品包装袋等轻包装制品的覆膜工序	≤50g/L
本体型胶粘剂	适用于塑料包装印刷的复合工序	≤50g/L

表 1-16　塑料包装印刷先进工艺技术

工艺技术类型	适用范围
无溶剂复合	适用于塑料包装印刷的复合工序，该技术在水煮和高温蒸煮类软包装产品中的应用不够成熟
共挤出复合	适用于塑料包装印刷的复合膜生产工序
UV 凹版印刷	适用于塑料包装印刷，不适用于对直接接触食品的产品的印刷，目前应用较少
EB 印刷	适用于塑料包装印刷，目前应用较少

• 宜优化产品设计，印刷色数不宜超过 7 色，并且在满足产品功能的前提下尽量减少图文部分覆盖比例、印刷色数、墨层厚度及复合层数。

b. 纸包装印刷

• 可采用低 VOCs 含量的原辅材料或先进的工艺设备对 VOCs 进行源头削减。原辅材料及工艺技术的适用范围及要求见表 1-17 和表 1-18。

表 1-17　纸包装印刷低 VOCs 含量原辅材料

原辅材料类型	适用范围	VOCs 含量限值
植物油基胶印油墨	适用于纸包装的平版印刷工艺	≤3%
UV 胶印油墨	适用于纸包装印刷工艺，不适用于对直接接触食品的产品的印刷	≤2%
UV 柔印油墨		≤5%
UV 网印油墨		≤5%
水性柔印油墨	适用于纸包装的柔版印刷工艺	≤5%
水性凹印油墨	适用于纸包装的凹版印刷工艺	≤15%
水基型胶粘剂	适用于纸包装印刷的复合工序	≤50g/L
水性光油	适用于纸包装印刷的上光工序	≤3%
UV 光油	适用于纸包装印刷的上光工序	≤3%
无 / 低醇润湿液	适用于纸包装平版印刷工艺的润版工序	原液：≤10%；醇类添加剂：≤2%
水基清洗剂	适用于水性油墨印刷、水性胶复合、水性上光等工艺的清洗工序	≤50g/L

表 1-18　纸包装印刷先进工艺技术

工艺技术类型	适用范围
自动橡皮布清洗	适用于平版印刷工艺的橡皮布清洗工序
零醇润版胶印	适用于纸包装的平版印刷工艺，目前应用较少
无水胶印	适用于纸包装的平版印刷工艺，目前应用较少

- 宜优化产品设计，印刷色数不宜超过 7 色，并且在满足产品功能的前提下尽量减少图文部分覆盖比例、印刷色数及墨层厚度。

c. 金属包装印刷

- 可采用低 VOCs 含量的原辅材料对 VOCs 进行源头削减。原辅材料的适用范围及要求见表 1-19。

表 1-19　金属包装印刷低 VOCs 含量原辅材料

原辅材料类型	适用范围	VOCs 含量限值
UV 胶印油墨	适用于铁罐的平版印刷工艺，不适用于对直接接触食品的产品的印刷	≤2%
水性柔印油墨	适用于铝罐的柔版印刷工艺	≤25%
水性涂料	适用于金属包装的喷涂工序	≤400 g/L
UV 光油	适用于铁罐印刷的上光工序	≤3%

● 宜优化产品设计，在满足产品功能的前提下尽量减少图文部分覆盖比例、印刷色数、墨层厚度。

（2）过程控制

a. 储存

● 油墨、胶粘剂、稀释剂、清洗剂、润湿液、光油、涂料等 VOCs 物料应密闭储存。

● 盛装 VOCs 物料的容器或包装袋应存放于室内，或存放于设置有雨棚、遮阳和防渗设施的专用场地。盛装 VOCs 物料的容器或包装袋在非取用状态时应加盖、封口，保持密闭。

● 废油墨、废清洗剂、废活性炭、废擦机布等含 VOCs 的危险废物，宜分类放置于贴有标识的容器或包装袋内，储存于危险废物储存间，满足《危险废物贮存污染控制标准》（GB 18597—2001）并及时清运，交给有资质的单位处理处置。

b. 转移和输送

● 液态 VOCs 物料应采用密闭管道输送。采用非管道输送方式转移液态 VOCs 物料时，应采用密闭容器。

● 向墨槽中添加油墨或稀释剂时宜采用漏斗或软管等接驳工具，减少供墨过程中 VOCs 的逸散。

c. 调配

● 油墨、胶粘剂等 VOCs 物料的调配作业应采用密闭设备或在密闭空间内操作，废气应排至 VOCs 废气收集处理系统；无法密闭的，应采取局部气体收集措施，废气应排至 VOCs 废气收集处理系统。

d. 印刷

• 印刷作业应优先采用密闭设备、在密闭空间中操作或采用全密闭集气罩收集方式，并保持负压运行，设置负压标识（如飘带）；无法密闭的，应采取局部气体收集措施，推广以生产线或设备为单位设置隔间，收集风量应确保隔间保持微负压。

• 使用溶剂型油墨的凹版、凸版印刷工艺宜采用配备封闭刮刀的印刷机，或采取安装墨槽盖板、改变墨槽开口形状等措施，缩小供墨系统敞开液面面积。

• 送风或吸风口应避免正对墨盘，防止溶剂加速挥发。

e. 复合、覆膜、涂布、上光

• 复合、覆膜、涂布及上光作业应在密闭设备或密闭空间内操作，废气应排至 VOCs 废气收集处理系统；无法密闭的，应采取局部气体收集措施，废气应排至 VOCs 废气收集处理系统。

• 使用溶剂型胶粘剂的复合或覆膜工序，宜采取安装胶槽盖板或对复合 / 覆膜机进行局部围挡等措施，减少 VOCs 的逸散。

f. 烘干

• 应提高烘箱的密闭性，减少因烘箱漏风造成的 VOCs 无组织排放。

• 应控制烘箱送风、排风量，使烘箱内部保持微负压。可在烘箱开口处粘贴飘带，根据飘带的移动方向初步判断负压情况。

g. 清洗

• 集中清洗作业应在密闭设备或密闭空间内操作，废气应排至 VOCs 废气收集处理系统；无法密闭的，应采取局部气体收集措施，废气应排至 VOCs 废气收集处理系统。

• 宜根据生产需要和工作规程，合理控制油墨清洗剂的使用量。

h. 非正常工况

• VOCs 废气收集处理系统发生故障或检修时，对应的生产工艺设备应停止运行，敞开的料槽等应采取措施进行封盖，待检修完毕后在治理设施达到正常运行条件时方可启动生产设备；生产工艺设备不能停止运行或不能及时停止运行的，应设置废气应急处理设施或采取其他替代措施。

（3）末端治理

a. 凹版印刷

• 溶剂型凹版印刷无组织废气经收集后宜采用吸附＋冷凝、吸附＋燃烧或燃烧等治理工艺。目前较为成熟的治理技术路线为活性炭吸附＋热氮气再生＋冷凝回收、活性炭吸附／旋转式分子筛吸附浓缩＋RTO/CO，或与烘干有组织废气合并后通过燃烧工艺处理。

• 溶剂型凹版印刷烘干废气宜采用吸附＋冷凝或燃烧等治理工艺。目前较为成熟的技术路线为活性炭吸附＋热氮气再生＋冷凝回收、减风增浓＋RTO/CO。

• 水性凹版印刷及烘干废气宜采用吸附＋燃烧或其他等效方式处理。

b. 柔版印刷

• 溶剂型柔版印刷及烘干废气宜采用吸附＋燃烧等治理工艺。目前较为成熟的技术路线为旋转式分子筛吸附浓缩＋RTO、活性炭吸附／旋转式分子筛吸附浓缩＋CO。

c. 复合

• 干式复合无组织废气经收集后宜采用吸附＋冷凝、吸附＋燃烧或燃烧等治理工艺。目前较为成熟的技术路线为活性炭吸附＋热氮气再生＋冷凝回收、活性炭吸附／旋转式分子筛吸附浓缩＋RTO/CO，或与烘干有组织废气合并后通过燃烧工艺处理。

• 干式复合烘干废气宜采用吸附＋冷凝或燃烧等治理工艺。目前较为成熟的技术路线为活性炭吸附＋热氮气再生＋冷凝回收、减风增浓＋RTO/CO。

d. 涂布

• 涂布无组织废气经收集后宜采用吸附＋燃烧或燃烧等治理工艺。目前较为成熟的技术路线为活性炭吸附／旋转式分子筛吸附浓缩＋RTO/CO，或与烘干有组织废气合并后通过燃烧工艺处理。

• 涂布烘干废气宜采用燃烧等治理工艺。典型治理技术路线为减风增浓＋RTO/TO。

e. 覆膜、上光

• 溶剂型覆膜、溶剂型上光及烘干废气宜采用吸附＋燃烧或其他等效方式处理。

f. 其他

• 调配、清洗等工序产生的无组织废气经收集后宜采用吸附＋燃烧或其他等效方式处理，或与印刷、复合、涂布等废气合并处理。

• 间歇式、小风量废气可采用活性炭吸附等治理工艺。

g. 产业集群

• 普遍使用有机溶剂的产业集群，宜统筹规划建设集中回收处置中心。

• 活性炭使用量大的产业集群，宜统筹规划建设集中再生中心，统一处理。

3. 监测监控

• 严格执行《排污许可证申请与核发技术规范　印刷工业》（HJ 1066—2019）等规定的自行监测管理要求。

• 其他相关要求参见本书第 4 部分。

4. 台账记录

台账应采用电子化储存和纸质储存两种形式并同步管理，保存期限不得少于 5 年。

（1）生产设施运行管理信息

• 产品产量信息：主要产品产量（不同工艺类型分别统计）。按照订单或班次进行记录，每笔订单或每班次记录 1 次。

• 原辅材料信息：含 VOCs 原辅材料（油墨、胶粘剂、清洗剂、稀释剂、光油、涂料、其他溶剂等）的名称、VOCs 含量、采购量、使用量、库存量，溶剂回收方式及回收量等（不同工艺类型分别统计）。按照购买或回收批次记录，每批次记录 1 次。

（2）污染治理设施运行管理信息

• 有组织废气治理设施：治理设施的启停机时间以及日常运行维护记录等信息。每班记录 1 次。

• 无组织废气排放控制：无组织排放源以及控制措施运行、维护、管理等信息，记录频次原则上不低于 1 次 / 天。

• 非正常工况：治理设施名称及编号、起止时间、污染物排放浓度、非正常原因、应对措施、是否报告等信息，记录频次为 1 次 / 非正常情况期。

（3）自行监测信息

• 手工检测数据：有组织和无组织废气检测报告。

• 在线监测数据（若有）：废气排放的污染物监测种类和连续的在线监测数据。

（4）非正常工况

• 生产装置和污染治理设施非正常工况应记录起止时间、污染物排放情况（排放浓度、排放量）、异常原因、应对措施、是否向地方生态环境主管部门报告、检查人、检查日期及处理班次等信息。

5. 旁路整治

• 参见汽车制造（含整车与零部件）。

（二）电子产品制造

• 电子产品制造主要分为六大类：电子专用材料、电子元件、印制电路板、半导体器件、显示器件及光电子器件、电子终端产品（含涂装工艺在内）。主要涉及《国民经济行业分类》（GB/T 4754—2017）中规定的计算机/通信和其他电子设备制造业（C39）等。

- 电子产品制造业 VOCs 主要来自含 VOCs 原辅材料的储存、调配、转移输送，以及清洗、光刻、上胶、烘干、涂覆、焊接等工序和含 VOCs 危险废物的贮存。其中，电子专用材料制造 VOCs 主要产生于树脂合成、胶液配制、上胶与烘干工序，电子元件制造 VOCs 主要产生于涂漆、封装检查工序，印制电路板制造 VOCs 主要产生于防焊、有机涂覆工序，半导体芯片制造 VOCs 主要产生于清洗、光刻工序，TFT-LCD 制造 VOCs 主要产生于清洗、光刻、涂布工序，电子终端产品制造 VOCs 主要产生于焊接、清洗、涂装工序。

电子专用材料制造、电子元件制造、印制电路板制造、半导体芯片制造、TFT-LCD 制造、电子终端产品制造生产工艺流程与 VOCs 排放环节见图 1-59～图 1-64。

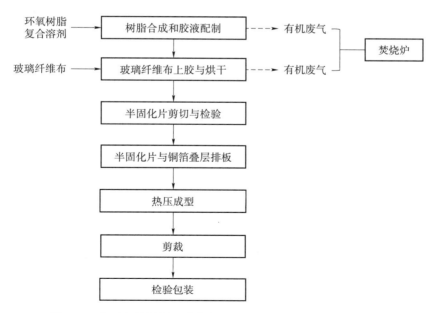

图 1-59　电子专用材料制造生产工艺流程与 VOCs 排放环节示意

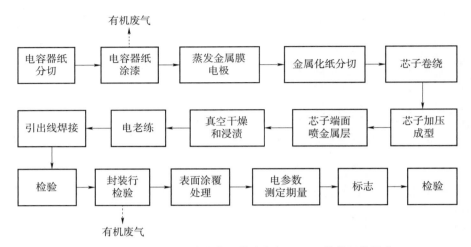

图 1-60　电子元件制造生产工艺流程与 VOCs 排放环节示意

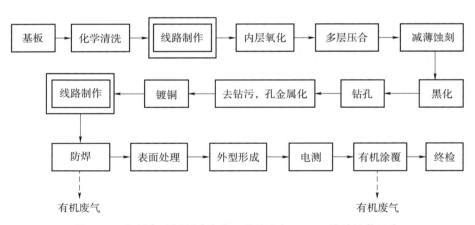

图 1-61　印制电路板制造生产工艺流程与 VOCs 排放环节示意

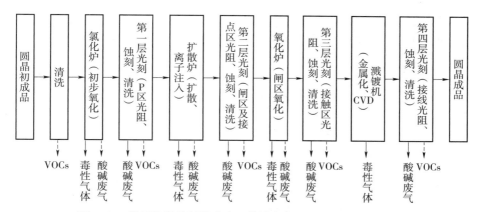

图 1-62　半导体芯片制造生产工艺流程与 VOCs 排放环节示意

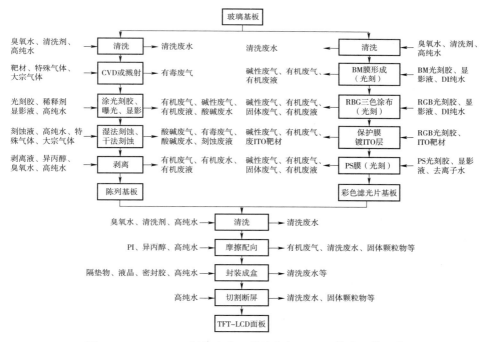

图 1-63　TFT-LCD 制造生产工艺流程与 VOCs 排放环节示意

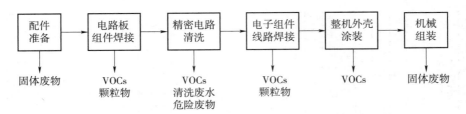

图 1-64　电子终端产品制造生产工艺流程与 VOCs 排放环节示意

1. 控制要求

• VOCs 排放应满足《大气污染物综合排放标准》（GB 16297—1996）、《挥发性有机物无组织排放控制标准》（GB 37822—2019）。

• 涂料 VOCs 含量应满足《工业防护涂料中有害物质限量》（GB 30981—2020）、油墨 VOCs 含量应满足《油墨中可挥发性有机化合物（VOCs）含量限值》（GB 38507—2020）、胶粘剂 VOCs 含量应满足《胶粘剂挥发性有机化合物限量》（GB 33372—2020）、清洗剂 VOCs 含量应满足《清洗剂挥发性有机化合物含量限值》（GB 38508—2020）。

• 有更严格地方排放控制标准和产品质量标准的，应执行地方标准。

2. 控制技术

（1）源头削减

a. 含 VOCs 原辅材料

• 使用的涂料、油墨、胶粘剂、清洗剂中 VOCs 含量应符合表 1-20～表 1-23 的要求。

• 电子终端产品在涂装环节宜使用粉末、水性、UV、高固体分等涂料；电子元件、半导体器件、显示器件及光电子器件和电子终端产品在清洗环节宜使用水基、半水基等低 VOCs 含量清洗剂；电子专用材料、电子元件、印制电路板、半导体器件、显示器件及光电子器件在印刷环节宜使用水性柔印油墨等低（无）VOCs 含量油墨；电子元件、电子终端产品等类型黏合工艺宜使用水基型、本体型等低 VOCs 含量胶粘剂。

表 1-20 电子产品制造业涂料 VOCs 含量限值

水性涂料		
产品类别	主要产品类型	限量值 /（g/L）
电子电器涂料	底漆	≤420
	色漆	≤420
	清漆	≤420
溶剂型涂料		
产品类别	主要产品类型	限量值 /（g/L）
电子电器涂料	底漆	≤600
	色漆	≤700
	清漆	≤650
无溶剂型涂料		
限量值 /（g/L）		≤100
辐射固化涂料		
产品类别	施涂方式	限量值 /（g/L）
水性	喷涂	≤400
非水性	喷涂	≤550

表 1-21 电子产品制造业油墨 VOCs 含量限值

油墨品种		限量值 /%
溶剂油墨	柔印油墨	≤75
水性油墨	柔印油墨	用于吸收性承印物≤10；用于非吸收性承印物≤30
能量固化油墨	柔印油墨	≤5

表 1-22 电子产品制造业胶粘剂 VOCs 含量限值

溶剂型胶粘剂				
应用领域	**限量值 / （g/L），≤**			
	氯丁橡胶类	苯乙烯 - 丁二烯 - 苯乙烯嵌段共聚物橡胶类	聚氨酯类	丙烯酸酯类	其他
装配业	600	550	250	510	250
其他	600	500	250	510	250

水基型胶粘剂						
应用领域	**限量值 / （g/L），≤**					
	聚乙酸乙烯酯类	聚乙烯醇类	橡胶类	聚氨酯类	醋酸乙烯 - 乙烯共聚乳液类	丙烯酸酯类	其他
装配业	100	—	100	50	50	50	50
其他	50	50	50	50	50	50	50

本体型胶粘剂								
应用领域	**限量值 / （g/L），≤**							
	有机硅类酸类	MS 类	聚氨酯类	聚硫类	丙烯酸酯类	环氧树脂类	α - 氰基丙烯酸酯类	热塑类	其他
装配业	100	100	50	50	200	100	20	50	50
其他	100	50	50	50	200	50	20	50	50

注：1. MS 指以硅烷改性聚合物为主体材料的胶粘剂。
2. 热塑类指热塑性聚烯烃或热塑性橡胶。

表 1-23 电子产品制造业清洗剂 VOCs 含量限值

	水基清洗剂	半水基清洗剂	有机溶剂清洗剂
限量值 / （g/L），≤	50	300	900

b. 生产工艺

• 宜采用无空气喷涂、静电喷涂、电泳涂装等自动化高效涂装工艺。

• 可采用高流量低压力（HVLP）喷枪等先进喷枪代替传统喷枪。

- 可采用自动清洗、高压水洗、二级清洗等清洗方式。

- 印制电路板可采用免清洗工艺，宜使用免清洗助焊剂。

- 可采用回流焊等焊接工艺，减少手工焊、波峰焊。

（2）过程控制

a. 储存

- 涂料、油墨、固化剂、稀释剂、胶粘剂、光刻胶、清洗剂等 VOCs 物料应密闭储存。

- 其他相关要求参见包装印刷。

b. 转移和输送

- 原辅料或调配好的物料应优先选用集中供料系统；无集中供料系统时，应采用密闭压力泵或管道将其输送至使用工位；采用非管道输送方式进行转运时，应采用密闭容器封存，并缩短转运路径。

- 在槽车和储罐之间转移溶剂过程中应该设置蒸气平衡系统或将废气收集处理。

c. 调配

- 参见包装印刷。

d. 生产

- 涂装、印刷、光刻、黏合、烧结、挤压、烘干等产生 VOCs 的生产工序应优先采用密闭设备、在密闭空间中操作或采用全密闭集气罩收集方式，并保持负压运行，设置负压标识（如飘带）；无法密闭的，应采取局部气体收集措施，推广以生产线或设备为单位设置隔间，收集风量应确保隔间保持微负压。

- 无尘等级要求车间需设置成正压的，宜建设内层正压、外层微负压的双层整体密闭收集空间。

e. 清洗

- 生产时应根据生产需求合理控制使用溶剂型清洗剂的用量，避免清洗剂的一次性大量使用。

- 清洗作业应在密闭设备或密闭空间内操作，废气应排至 VOCs 废气收集处理系统；无法密闭的，应采取局部气体收集措施，废气应排至 VOCs 废气收集处理系统。

- 清洗产生的废溶剂，可采用水斗液循环膜过滤技术、废水斗液加热蒸馏等方式回收回用。

f. 非正常工况

- 参见包装印刷。

（3）末端治理

a. 调配、点胶

- 调配废气宜采用吸附方式或其他等效方式处置。

b. 喷墨

- 喷墨废气宜采用吸附 + 催化燃烧或其他等效方式处置。

c. 喷涂 / 涂布

- 喷涂 / 涂布废气宜采用吸附浓缩 + 燃烧或其他等效方式处置；小风量低浓度或不适宜浓缩脱附的废气可采用一次性活性炭吸附等工艺。

d. 刻蚀

- 刻蚀废气宜采用喷淋塔 + 高效吸附 + 催化燃烧或其他等效方式处置。

e. 烘干

- 温度较高的烘干废气可单独处理，具备条件的可采用回收式热力或催化燃烧装置。

f. 产业集群

- 参见包装印刷。

3. 监测监控

- 严格执行《排污许可证申请与核发技术规范　电子工业》（HJ 1031—2019）等规定的自行监测管理要求。

- 其他相关要求参见本书第 4 部分。

4. 台账记录

• 参见包装印刷。

5. 旁路整治

• 参见汽车制造（含整车与零部件）。

（三）印染 / 染整

• 印染 / 染整是一种加工方式，也是前处理、染色、印花、后整理、洗水等的总称。主要涉及《国民经济行业分类》（GB/T 4754—2017）中规定的棉印染精加工（C1713）、毛染整精加工（C1723）、麻染整精加工（C1733）、丝印染精加工（C1743）、化纤织物染整精加工（C1752）和针织或钩针编织物印染精加工（C1762）等。

• 印染 / 染整 VOCs 排放主要来自含 VOCs 原辅材料的储存、调配、转移输送，以及前处理、印花、烘干、定型、涂层、烫光 / 烫金等工序和含 VOCs 危险废物的贮存。

印染 / 染整生产工艺流程与 VOCs 排放环节见图 1-65。

1. 控制要求

• VOCs 排放应满足《大气污染物综合排放标准》（GB 16297—1996）、《挥发性有机物无组织排放控制标准》（GB 37822—2019）。

• 有更严格地方排放控制标准的，应执行地方标准。

2. 控制技术

（1）源头削减

a. 含 VOCs 原辅材料

• 在染色过程中，宜推广使用固色率高、色牢度好、可满足应用性能的环保型染料（如植物染料环保型媒染剂）；宜使用低毒、VOCs 含量低于15% 的印染助剂；可使用匀染型复合有机酸（一般 VOCs 含量低于 10%）代替冰醋酸。

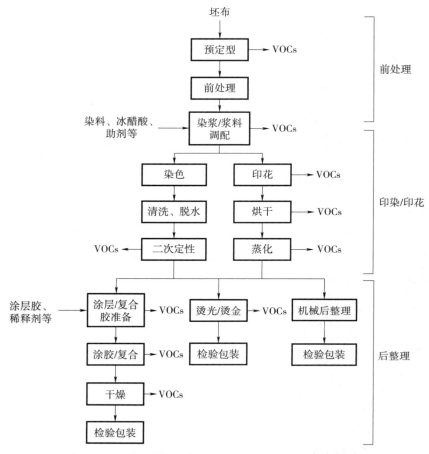

图 1-65　印染 / 染整生产工艺流程与 VOCs 排放环节示意

• 在涂层整理中，窗帘等装饰用布宜推广使用水性涂层浆；纯棉织物的防皱整理可采用甲醛含量低于 100 mg/kg 的低甲醛类整理助剂；无法实现环境友好型原辅材料替代的，优先使用单一组分溶剂的涂层浆。

b. 生产工艺

• 宜采用转移印花、喷射印花、静电印花等印花技术。

• 宜采用湿法涂层工艺等清洁生产技术。

（2）过程控制

a. 储存

• 染料、冰醋酸、印染助剂、涂层胶、稀释剂等 VOCs 物料应密闭储存。

• 盛装 VOCs 物料的容器或包装袋应存放于室内，或存放于设置有雨棚、遮阳和防渗设施的专用场地。盛装 VOCs 物料的容器或包装袋在非取用状态时应加盖、封口，保持密闭。

• 二甲基甲酰胺（DMF）、甲苯等有机液体可采用储罐储存。

• 废印染助剂、废涂层胶、废稀释剂等含 VOCs 废料（渣、液）以及 VOCs 物料废包装物等危险废物应盛装在密封的容器或口袋等，储存于危险废物储存间，满足《危险废物贮存污染控制标准》（GB 18597—2001）并及时清运，交给有资质的单位处理处置。

b. 转移和输送

• 液体 VOCs 物料转移和输送应采用密闭管道或密闭容器等，采用密闭容器尽可能缩短转运路径。

• 染色浆料、印花浆料、涂层胶、复合胶等输送过程宜采用集中供料系统。

• 前处理加工生产过程中可采用加料自动化控制。

• 涂层、复合、烫金、植绒上浆过程应避免浆料滴漏，宜采用泵送系统，减少人工投加作业。

c. 调配

• 染料、冰醋酸、印染助剂等 VOCs 物料的调配作业应采用密闭设备或在密闭空间内操作，废气应排至 VOCs 废气收集处理系统；无法密闭的，应采取局部气体收集措施，废气应排至 VOCs 废气收集处理系统。

• 宜设置专门的密闭调配间。

• 染色染料、印花浆料等调配作业可采用自动称量、化料技术。

d. 定型、印花、蒸化、涂层、烘干

• 定型、印花、蒸化、涂层、烘干等作业应优先采用密闭设备、在密闭空间中操作或采用全密闭集气罩收集方式，并保持负压运行，设置负压标识（如飘带）；无法密闭的，应采取局部气体收集措施，推广以生产线或设备为单位设置隔间，收集风量应确保隔间保持微负压。

• 加强日常运行维护，每天进行目视检查，确保定型机、印花机、蒸化机无明显含 VOCs 烟气排放点。

e. 敞开液面

• 参见涂料、油墨及胶粘剂制造。

f. 回收

• 涂层、复合等作业结束时，除集中供料外，应将所有剩余的涂层胶等 VOCs 物料密闭储存，送回至调配间或储存间。

g. 非正常工况

• 参见包装印刷。

（3）末端治理

a. 调配、投料

• 染色浆料、印花浆料、涂层浆料等调配废气以及染色过程中的冰醋酸、印染助剂等 VOCs 物料投加废气，宜采用活性炭吸附或其他等效方式处置。

b. 生产

• 染色定型、印花烘干、蒸化、烫光废气宜采用喷淋 / 冷却 + 高压静电等治理工艺。目前典型技术路线为水喷淋 + 冷却 + 静电油烟装置三级治理技术。

• 溶剂型涂层、烫金、烘干废气宜采用喷淋或吸附回收技术、RTO 或 RCO 等治理技术。

• 非溶剂型烫金 / 复合工艺废气宜采用吸附等工艺。目前典型技术路线为水喷淋 / 碱喷淋 + 活性炭吸附。

c. 产业集群

• 参见包装印刷。

3. 监测监控

• 严格执行《排污许可证申请与核发技术规范　纺织印染工业》（HJ 861—2017）等规定的自行监测管理要求。

• 其他相关要求参见本书第 4 部分。

4. 台账记录

• 参见包装印刷。

5. 旁路整治

• 参见汽车制造（含整车与零部件）。

五、油品储运销

（一）加油站

加油站的 VOCs 排放主要来自卸油、加油与呼吸排放，排放环节示意见图 1-66。

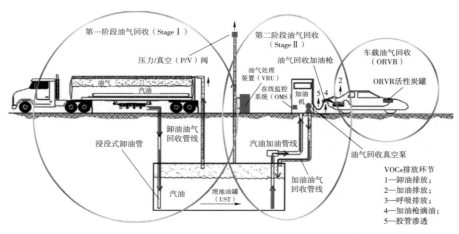

图 1-66　加油站 VOCs 排放环节与油气回收系统示意

1. 控制要求

• VOCs 排放应满足《加油站大气污染物排放标准》（GB 20592—2020）。标准中规定，自 2021 年 4 月 1 日起，全部加油站执行以下卸油油气排放控制要求；自 2021 年 4 月 1 日起，新建加油站执行以下储油、加油油气排放控制要求；自 2022 年 1 月 1 日起，现有加油站执行以下储油、加油油气排放控制要求。

• 有更严格地方排放控制标准的，应执行地方标准。

2. 控制技术

加油站应采用油气回收系统对 VOCs 排放进行全过程控制，加油站油气回收系统由卸油油气回收系统、汽油密闭储存、加油油气回收系统、在线监测系统和油气处理装置组成。该系统应将卸油、储油和加油过程中产生的油气通过密闭收集、储存并送入油品运输汽车罐车内。

（1）加油油气排放控制

• 加油产生的油气应采用真空辅助方式密闭收集。

• 加油机应配套采用带集气罩的油气回收加油枪，集气罩应完好无破损，加油时集气罩应能盖住汽车油箱口，加油时应防止溢油和滴油。

• 加油枪与加油机之间的连接软管上应安装安全拉断阀。

• 加油时油气回收泵应正常工作。分散式油气回收系统的加油枪单枪加油、集中式油气回收系统的加油枪多枪同时加油的气液比（A/L）范围均应在 1.0～1.2。

• 向汽车油箱加油达到加油枪自动跳枪油面时，不应再向油箱内强行加油。

• 油气回收管线应坡向油罐，坡度不应小于 1%，受地形限制无法满足坡度要求的可设置集液器，集液器凝结液应能被密闭回收至低标号的汽油罐中。液阻应符合国标要求。

• 当辖区内采用 ORVR 的轻型汽车达到汽车保有量的 20% 后，油气回收系统、在线监测系统应兼容《轻型汽车污染物排放限值及测量方法（中国第六段）》（GB 18352.6—2016）要求的轻型车 ORVR 系统。

• 加油机内油气回收相关管路、接头不得有跑冒滴漏现象。

• 加油机内油气回收检测接头应安装合理，周围空间方便检测操作，检测接头安装有球阀和丝堵，球阀应常闭。

● 鼓励使用加油枪直接为摩托车加油，并使用适合的集气罩收集摩托车加油时的油气排放，替代使用油壶或油桶等容器二次加油，力争实现摩托车加油油气回收。

（2）卸油油气排放控制

● 加油站卸油应安装卸油油气回收系统，应采用浸没式卸油方式，卸油管出油口距罐底高度应小于 200 mm。

● 卸油和油气回收接口应安装公称直径为 100 mm 的截流阀（或密封式快速接头）和帽盖，现有加油站已采取卸油油气排放控制措施，但接口尺寸不符的可采用变径连接。

● 连接软管应采用公称直径为 100 mm 的密封式快速接头与卸油车连接。

● 所有油气管线排放口应按《汽车加油加气加氢站技术标准》（GB 50156—2021）的要求设置压力/真空阀（P/V 阀），如设有球阀，球阀应保持常开状态；未安装 P/V 阀的汽油排放管应设置球阀，球阀应保持常闭状态。

● 连接排气管的地下管线应坡向油罐，坡度不应小于 1%，管线公称直径不应小于 50 mm。

● 卸油时应保证卸油油气回收系统密闭。卸油前卸油软管和油气回收软管应与油品运输汽车罐车和埋地油罐紧密连接，然后开启油气回收管路阀门，再开启卸油管路阀门进行卸油作业。

● 卸油后应先关闭与卸油软管及油气回收软管相关的阀门，再断开卸油软管和油气回收软管，卸油软管和油气回收软管内应没有残油。

● 卸油全过程应在视频监控下进行，视频角度应能监控到卸油管和回气管的连接状况。

● 卸油完毕后，应确保油气回收阀和卸油阀关严关实。

（3）储油油气排放控制

● 所有影响储油油气密闭性的部件，包括油气管线和所连接的法兰、阀门、快接头以及其他相关部件在正常工作状况下应保持密闭，油气泄漏浓度应满足标准中油气回收系统密闭点位限值要求。

- 油品储油期间，若采用红外摄像方式检测油气回收系统密闭点位时，不应有油气泄漏。

- 埋地油罐应采用电子式液位计进行汽油密闭测量。

- 应采用符合《汽车加油加气加氢站技术标准》（GB 50156—2021）相关规定的溢油控制措施。

（4）油气处理装置

- 油气处理装置应能根据埋地油罐油气空间压力实施自动开启或停机，启动运行的压力感应值宜设为 150 Pa，停止运行的压力感应值宜设为 0～50 Pa，或根据加油站情况自行调整。

- 油气处理装置排气口距地平面高度不应小于 4 m，具体高度以及与周围建筑物的距离应根据环境影响评价文件确定，排气口应设阻火器。油气处理装置回油管横向地下油罐的坡度不应小于 1%。

- 油气处理装置在卸油期间应保持正常运行状态，不得随意设置为手动模式或关闭。

- 省级生态环境主管部门根据加油站规模、年汽油销售量、加油站对周边环境影响、加油站挥发性有机物控制要求自行确定油气处理装置的安装范围。

（5）非正常工况

- 制定加油站油气回收系统出现故障等非正常工况的应急措施。

- 发现某加油枪加油油气味突然增高，应立即通过听真空泵工作声音、摸真空泵温度等方式检查真空泵是否出现故障。有在线监测系统的加油站检查 A/L 数据。如果真空泵出现故障，应停止该加油枪加油作业，并报修。

- 发现卸油时油气味比平时高，应检查卸油油气回收接头是否连接紧密，应迎太阳光观察 P/V 阀是否有泄漏，如 P/V 阀泄漏，应立即停止对外营业，并报修。

- 出现其他异常状况时，应立即停止对外营业，对相应设备开展排查维修。

- 应做好非正常工况相关记录。

- 事故工况开展事后评估并及时向生态环境主管部门报告。

3. 监测监控

（1）油气回收系统

- 通过检测报告或现场检测结果检查加油油气回收系统 A/L，A/L 应在≥1.0 和≤1.2 范围内。

- 对于"一泵带多枪"的油气回收系统，应提交符合以下要求的 A/L 检测报告。对于"一泵带多枪（＜4 把枪）"的油气回收系统，应在至少 2 把加油枪同时加油时检测；对于"一泵带多枪（≥4 把枪）"的油气回收系统，应至少在 4 条枪同时加油时分别进行检测，且被检测的加油枪比例应不少于 50%。

- 通过检测报告或现场检测结果检查油气回收管线液阻，液阻结果应符合《加油站大气污染物排放标准》（GB 20952—2020）中表 1 的要求。

- 通过检测报告或现场检测结果检查油气回收系统密闭性，密闭性结果应符合《加油站大气污染物排放标准》（GB 20952—2020）中表 2 的要求。

- 加油站油气处理装置的油气排放浓度 1 小时平均浓度值应≤25 g/m³。

- 应采用氢火焰离子化检测仪（以甲烷或丙烷为校准气体）检测油气回收系统密闭点位，油气泄漏检测值应≤500 μmol/mol。

- 加油站企业边界油气浓度无组织排放限值应满足要求。以非甲烷总烃计，监控点处 1 小时平均浓度值应不超过 4.0 mg/m³。

- 加油站每年至少对 A/L、密闭性、液阻、油气回收系统密闭点泄漏浓度、企业边界油气浓度、油气处理装置（如有）排放浓度、在线监测系统（如有）准确性等指标进行 1 次检测，可选择自行或委托第三方监测机构开展监测工作。

- 鼓励加油站开展自检，并提高自检频次。

（2）在线监测系统

- 依法被确定为重点排污单位的加油站应安装在线监测系统。鼓励汽油年销售量达 5 000 t、各省级生态环境主管部门建议的加油站安装在线监测系统。

- 在线监测系统应能够监测每条加油枪 A/L 和油气回收系统压力，具备至少储存 1 年数据、远距离传输，具备预警、警告功能。

- 在线监控系统可在卸油口附近、加油机内 / 外（加油区）、人工量油井、油气处理装置排放口等处安装浓度传感器监测油气泄漏浓度。

- 在线监测系统可在卸油区附近、人工量油井、加油区等重点区域安装视频监测用高清摄像头，连续对卸油操作、手工量油、加油操作等进行视频录像并存储。可整合利用加油站现有视频设备，视频资料应保存 3 个月以上以备生态环境主管部门监督检查，并预留接入环保管理平台的条件。

- 通过在线监测系统检查每条加油枪的 A/L 数据，不应有 A/L 报警。

- 通过在线监测系统检查油气回收系统压力数据，不应有压力报警。

4. 台账记录

加油站应建立油气回收系统运行与维护台账，台账主要内容见表 1-24。

表 1-24　加油站油气回收系统运行与维护台账

加油站名称		所属单位	
加油站地址		法定代表人	
加油站负责人		联系电话	
油气回收负责人		联系电话	
油气回收装置	成品油批准证书号		汽油加油机数量及加油枪数	
	现正常工作加油枪数量		汽油罐数量及额定罐容	
	油气回收方式（集中或分散）		油气回收加油机厂家及型号	

续表

油气回收装置	油气回收加油枪厂家及型号		油气回收泵厂家及型号	
	加油机泵/枪配比（分散式）		油气处理装置厂家及型号	
	油气处理装置工艺及处理量		在线监测厂家及型号	

检 查 内 容				
序号	检查项目	是/否	序号	检查项目	是/否

序号	检查项目	是/否	序号	检查项目	是/否
1	是否有油气回收系统使用维护制度		2	是否设立油气回收岗位	
3	加油站汽油加油枪加油时，对应真空泵是否工作		4	是否每天至少检查油气回收系统 1 次，并填写日常检查记录	
5	加油站卸油口、人井、P/V阀及相关管路等密闭点是否有油气泄漏现象		6	汽油加油枪上集气罩是否完好，加油时油枪集气罩是否扣紧加油口	
7	日常状态下 P/V 阀是否开启		8	加油站现场是否有明显的跑冒滴漏现象	
9	油气处理装置是否运行正常		10	是否专人负责检查量油口，确保密闭	
11	是否在发现油气回收系统工作异常后，在 48 h 内报备区县生态环境局		12	油气处理装置进、出口球阀是否开启	
13	停用设备是否将设备封存，并报区县生态环境局备案		14	维修记录是否及时准确记录	

（二）储油库

储油库主要用于开展原油、成品油仓储服务，是由油品储罐组成并通过汽车罐车、铁路罐车、油船或管道等方式收发油品的场所，生产企业内罐区除外。储油库的 VOCs 排放主要来自油品装卸、储罐呼吸和蒸发排放，应对各排放环节进行全过程管控。储油库 VOCs 排放环节示意见图 1-67。

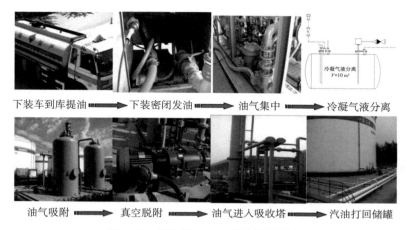

下装车到库提油 ➡ 下装密闭发油 ➡ 油气集中 ➡ 冷凝气液分离

油气吸附 ➡ 真空脱附 ➡ 油气进入吸收塔 ➡ 汽油打回储罐

图 1-67　储油库 VOCs 排放环节示意

1. 控制要求

• VOCs 排放应满足《储油库大气污染物排放标准》（GB 20590—2020），标准中的规定，新建企业自 2021 年 4 月 1 日，现有储油库企业自 2023 年 1 月 1 日起分别执行以下收油、储油、发油油气排放控制要求。

• 有更严格地方排放控制标准的，应执行地方标准。

2. 控制技术

（1）收油油气排放控制

• 通过汽车罐车收油时，应采用密闭泵送或自流式管道系统，收油时从卧式储罐内置换出的油气应密闭回收到汽车罐车内。

• 通过铁路罐车收油时，除拆装灌装鹤管之外的时段，收油鹤管与铁路罐车灌装口（人孔）应密闭。从泵站扫仓罐中产生的油气应为密闭收集，并送入油气处理装置进行回收处理。

• 通过管道收油时，管道应保持密闭。

（2）储油油气排放控制

• 储存真实蒸气压＜76.6 kPa 的油品时，应采用内浮顶罐、外浮顶罐或其他等效措施。

• 储存真实蒸气压≥76.6 kPa 的油品时，应采用低压罐、压力罐或其他等效措施。

- 内浮顶罐的浮盘与罐壁之间应采用浸液式密封、机械式鞋形密封等高效密封方式。

- 外浮顶罐的浮盘与罐壁之间应采用双重密封，且一次密封采用浸液式密封、机械式鞋形密封等高效密封方式。

- 浮顶罐罐体应保持完好，不应有孔洞（通气孔除外）和裂隙。

- 浮盘附件的开口（孔），除采样、计量、例行检查、维护和其他正常活动外，应一直处于密闭状态；浮盘边缘密封不应有破损。

- 支柱、导向装置等储罐附件穿过浮盘时，其套筒底端应插入油品中并采取密封措施。

- 除储罐排空作业外，浮盘应始终漂浮于油品的表面。

- 自动通气阀在浮盘处于漂浮状态时应关闭且密封良好，仅在浮盘处于支座支撑状态时可开启。

- 边缘呼吸阀在浮盘处于漂浮状态时应密封良好，定压应符合设定要求。

- 除自动通气阀、边缘呼吸阀外，浮盘外边缘板及所有通过浮盘的开孔接管均应浸入油品液面下。

- 应在每个停工检修期对内浮顶罐的完好情况进行检查。发现有不符合运行要求的，应在该停工检修期内完成修复；若延迟修复，应将相关方案报生态环境主管部门确定。

- 外浮顶罐不符合运行要求的，应在 90 天内完成修复或排空储罐停止使用；若延迟修复或排空储罐，应将相关方案报生态环境主管部门确定。

（3）发油油气排放控制

- 向汽车罐车发原油时，应采用防溢流系统，应采用顶部浸没式或底部发油方式，顶部浸没式灌装鹤管出口距离罐底高度应小于 200 mm。向汽车罐车发其他油品应采用底部发油方式。发油时产生的油气应密闭收集，并送入油气处理装置回收处理。底部发油快速接头和油气回收快速接头应采用自封式快速接头。

● 向汽车罐车发油时，油气收集系统应为正压，且压力不应超过 6.0 kPa。

● 向汽车罐车发油时，当底部发油结束并断开快速接头时，油品滴洒量应不超过 10 mL，滴洒量取连续 3 次断开操作的平均值。

● 向铁路罐车发油时，应采用防溢流系统。应采用顶部浸没式或底部发油方式，顶部浸没式灌装鹤管出口距离罐底高度应小于 200 mm。发油时产生的油气应密闭收集，并送入油气处理装置回收处理。

● 向铁路罐车发油时，拆装灌装鹤管之外的时段，灌装鹤管与铁路罐车灌装口（人孔）应密闭。

● 向铁路罐车发油时，当底部发油结束并断开快速接头时，油品滴洒量应不超过 10mL，滴洒量取连续 3 次断开操作的平均值。

● 采用管道方式发油时，管道应保持密闭。

（4）检查维护

● 企业中载有油品的设备与管线组件及油气收集系统，应按《挥发性有机物无组织排放控制标准》（GB 37822—2019）开展泄漏检测与修复工作。

● 油气回收系统不得设置旁路，建有旁路的应采取彻底拆除、切断、物理隔离等方式取缔。

● 在油气回收装置及浮顶罐处应定期检查由于密封等条件带来的可燃气体积聚问题，并做好定期跟踪，如有问题须及时维修。

● 油气处理装置排气筒高度应不低于 4 m，具体高度以及与周围建筑物的距离应根据环境影响评价文件确定。

储油库 VOCs 各排放环节推荐控制可行技术见表 1-25。

表 1-25　储油库 VOCs 排放控制可行技术

排放环节	推荐技术
设备泄漏排放	泄漏检测与修复
	厂界浓度监测预警
油品储罐	全接液式浮盘
	浸液式密封、机械式鞋形密封等
收发油品	油气回收

3. 监测监控

• 企业应按照环境监测管理规定和技术规范的要求，设计、建设、维护永久性采样口、采样测试平台和排污口标志。

• 在不少于 50% 发油鹤管处于发油时段时对油气处理装置进口和出口油气进行采样，对于包含吸附工艺的油气处理装置，采样应包括每个吸附塔的工作过程。监测采样按《固定污染源排气中颗料物测定与气态污染物采样方法》（GB/T 16157—1996）、《固定源废气监测技术规范》（HJ/T 397—2007）、《固定污染源废气 挥发性有机物的采样 气袋法》（HJ 732—2014）以及《固定污染源废气 总烃、甲烷和非甲烷总烃的测定 气相色谱法》（HJ 38—2017）的规定执行。油气处理装置 NMHC 排放浓度及处理效率应符合《储油库大气污染物排放标准》（GB 20950—2020）中表 1 的要求。

• 采用氢火焰离子化检测仪（以甲烷或丙烷为校准气体）对设备与管线组件密封点进行检测；在发油时段，对油气收集系统密封点进行检测，其中连接油船的油气收集系统密封点应在发油时段中后期进行检测，监测采样和测定方法按《泄漏和敞开液面排放的挥发性有机物检测技术导则》（HJ 733—2014）的规定执行。

• 油气收集系统密封点泄漏检测值应不超过 500 μmol/mol。如采用红外摄像方式检测油气收集系统密封点时，不应有油气泄漏。

• 企业边界非甲烷总烃的监测采样和测定方法按《大气污染物无组织排放监测技术导则》（HJ/T 55—2000）和《环境空气 总烃、甲烷和非甲烷总烃的测定 直接进样 - 气相色谱法》（HJ 604—2017）的规定执行，监测采样不应在向铁路罐车收发油时进行。以非甲烷总烃计，储油库企业边界任意 1 小时 NMHC 平均浓度值不应超过 4.0 mg/m³。

4. 台账记录

• 储油库应按照《排污许可申请与核发技术规范 储油库、加油站》（HJ 1118—2020）中的相关规定，建立环境管理台账记录，台账内容应完整齐全，记录应附合规范。记录中应包括油品储存和装载运行参数；油气收集系统及油气处理装置等污染治理设施实际运行时间与运行参数，如储罐、动静密封点、装卸的维护、保养、检查等运行管理情况；油气处理装置等处理装置的运维记录，如设施运行情况、出现故障原因、维护过程、检查人、检查日期等。

- 应建立燃油供销台账、油气回收装置每日运行检查记录台账，如气体流量、系统压力、发油量，记录防溢流控制系统定期检测结果。后台监控应正常使用，并可调取近期装油、发油的视频。
- 应记录油品种类及周转量，收发油过程中油罐车、油船等信息记录。
- 应编制修复与记录台账，若出现部件损坏应立即报修。台账中应包括更换部件名称，部件使用有效期、更换原因、更换日期，更换厂家，更换人签字等信息。

（三）油罐车

油罐车的油气排放主要来自车辆自身的泄漏，分为装油、运输及卸油三个 VOCs 排放环节。油气回收系统可在油罐车卸油时，将地下罐中的油气密闭输入罐车油罐内；在装油时，将罐车中的油气装油密闭输出至油气处理装置；在运油时，保证油气不泄漏。油罐车装卸油环节油气回收系统示意如图 1-68 所示。

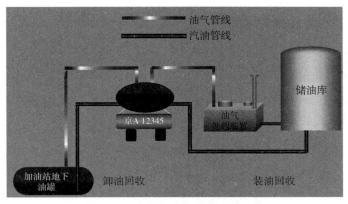

图 1-68　油罐车油气回收系统示意

1. 控制要求

• VOCs 排放应满足《油品运输大气污染物排放标准》（GB 20951—2020）中的要求。标准中规定，铁路罐车、现有汽车罐车自 2021 年 4 月 1 日起，新生产、进口、销售和注册登记的汽车罐车自 2021 年 7 月 1 日起执行以下排放控制要求。

• 有更严格地方排放控制标准的，应执行地方标准。

2. 控制技术

（1）装油油气排放控制

• 应采用底部装油方式，即采用灌装鹤管与汽车罐车底部接口密闭连接的装油方式。

• 装油时，装卸油系统应保持密闭状态，不得出现油品跑冒滴漏现象。油气回收系统能够将汽车油罐内排出的油气密闭输入储油库的油气处理装置中。

（2）运输油气排放控制

• 运输过程中应保证油品和油气不泄漏，不得随意排放汽车罐车油罐内的油气。油气回收耦合阀、油罐车人孔盖等油气密封点应严格密闭。

• 人孔盖应正常无破损，具有倾翻防溢、防爆功能，应能够保证油罐车的运输安全。当罐内外压差过大时，其呼吸功能应使罐内外压力平衡，设有内置式呼吸阀和紧急排气装置。

（3）卸油油气排放控制

• 应采用底部卸油方式。与装油阶段相类似，整个卸油过程中装卸油系统各阀门及连接管线应保持密闭状态，不得出现油品跑冒滴漏现象，油气回收系统能够将加油站地下储油罐内的油气密闭收集到油罐车内。

（4）检查维护

• 应做到日常检查油罐车装油、运输、卸油过程中装卸油系统及各阀门、管线、泄漏点的密闭情况以及油气回收系统运行情况。

• 若出现部件损坏应立即报修，并应及时记录更换部件相关信息。

• 日常使用时，应采取有效措施减少因操作、维修和管理等方面原因造成的油品与油气泄漏。

3. 监测监控

• 每年至少对汽车罐车油气回收系统密闭性、油罐车油气密封点开展 2 次自行监测，2 次监测时间间隔应大于 3 个月，保存原始监测记录，并依法公布监测结果。

• 汽车罐车生产企业应委托具有检测资质的机构对汽车罐车油气回收系统密闭性进行检测，将检验结果向社会进行公开。汽车罐车油气回收系统密闭性应符合《油品运输大气污染物排放标准》（GB 20951—2020）中表 1 的要求。

• 标准中规定采用氢火焰离子化检测仪（以甲烷或丙烷为校准气体）对油罐车油气密封点（如汽车罐车油气回收耦合阀和人孔盖处）进行检测，监测采样和测定方法按《泄漏和敞开液面排放和挥发性有机物检测技术导则》（HJ 733—2014）的规定执行。泄漏检测值不应超过 500 μmol/mol。若采用红外摄像方式检测油罐车油气密封点时，不应有油气泄漏。

4. 台账记录

• 应建立日常检查记录台账及维护检修记录台账。

• 油罐车日常检查记录台账信息应完整，如油品种类及周转量的记录，装卸油及运输过程中对油气回收装置及装卸油系统运行情况记录，建议记录装油、卸油过程中储油库及加油站详细信息等。

• 如对油罐车部件进行维修更换，应及时填写维护检修记录，应详细记录更换部件名称及数量、更换部件所在位置、更换部件使用有效期、更换原因、更换日期、更换厂家等。

（四）油船、油码头

油船、油码头运输装卸油品等过程中 VOCs 排放的环节主要包括油船在油码头进行油品装卸作业、油船装载油品在水上运输航行以及油船更换货种洗舱或修拆作业时的 VOCs 排放等。目前国家法规要求对油船装油作业时油舱挥发的 VOCs 通过输气管路输送上岸至油码头的油气回收处理装置进行回收治理。油船油码头油气回收处理流程原理示意见图 1-69。

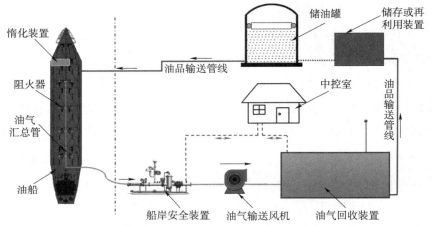

注：各种图未按实际比例绘制。

图 1-69　油船、油码头油气回收系统示意

1. 控制要求

• 油船、油码头 VOCs 排放目前应满足《储油库大气污染物排放标准》（GB 20950—2020）和《油品运输大气污染物排放标准》（GB 20951—2020）中的相关要求。标准中分别对新投入使用的油船（150 总吨及以上）、现有 8 000 总吨及以上的油船以及新建企业、现有码头对应储油库的实施时间进行了详细规定。油船、油码头 VOCs 排放不同时期相关标准及要求见表 1-26。

• 有更严格地方排放控制标准的，应执行地方标准。

表 1-26　油船、油码头 VOCs 排放不同时期相关标准及要求

时期	对象	标准	要求
第一阶段	油船	无	无
	油码头	《储油库大气污染物排放标准》（GB 20950—2007）	汽油装船，油气排放浓度≤25 g/m³，油气处理效率≥95%

续表

时期	对象	标准	要求
第二阶段	油船	《油品运输大气污染物排放标准》(GB 20951—2020)	油船应设置密闭油气收集系统和惰性气体系统等,应将向油船发油时产生的油气密闭送入油气处理装置。新投入使用的油船(150 总吨及以上)自 2021 年 4 月 1 日起实施。现有 8 000 总吨及以上的油船自 2024 年 1 月 1 日后实施
	油码头	《储油库大气污染物排放标准》(GB 20950—2020)	原油、汽油(包括含醇汽油、航空汽油)、航空煤油、石脑油等装船,NMHC 浓度≤25 g/m³,油气处理效率≥95%。具有万吨级及以上油品泊位的码头对应的储油库应密闭收集向 GB 20951 管控的油船发油时产生的油气,并送入油气处理装置回收处理。新建企业自 2021 年 4 月 1 日起实施。现有码头对应的储油库自 2024 年 1 月 1 日起实施

2. 控制技术

(1) 油船装油排放控制

• 油船应设置密闭油气收集系统和惰性气体系统。

• 油船油气收集系统应将向油船发油时产生的油气密闭送入油气处理装置。

• 油船应在每个油仓设置独立的透气管线,每个透气管出口应安装 1 个压力 / 真空阀。

• 油船运输过程中应保证油品和油气不泄漏。

• 油船连接油气收集设施的每个货油舱应采用封闭式液位监测系统测量油仓液位高度、油气压力和温度。

• 油船惰性气体系统应至少配备 2 套能在惰性环境中密闭式测量氧气含量(体积百分比)的固定式氧气传感器。

• 连接油气收集设施的每个货油舱均应装设货油溢出报警系统。

• 货油舱透气系统应能以 1.25 倍的货油最大装船体积流量向货油舱外释放油气。

• 制定并落实船舶油气回收作业的船岸安全检查表。

- 货油装船体积流量应不超过码头油气回收设施的设计最大处理能力和油船设计最大装船体积流量的最小者。

- 连接船上油气收集设施的每个货油舱油气压力，应保持不高于货油舱最大设计压力。

- 当货油舱与码头油气回收设施连接时，货油装载作业期间不应开舱测量和取样。

（2）油码头排放控制

- 向油船发油应采用顶部浸没式，顶部浸没式发油管出口距离油舱底部高度应小于 200 mm。

- 具有万吨级及以上油品泊位的码头对应的储油库应密闭收集向《油品运输大气污染物排放标准》（GB 20951—2020）管控的油船发油时产生的油气，并送入油气处理装置回收处理。

- 通过油船收油，输油臂应与油船输油管线法兰密闭连接，油船油仓保持密闭。

- 油气处理装置排气筒高度不低于 4 m，具体高度以及与周围建筑物的距离应根据环境影响评价文件确定。

- 发油时应采用防溢流系统。

- 回收油气的临时储存和后续处置不得造成二次污染。

- 油气回收装置宜设置在码头后方陆域，当与罐区油气回收装置合建时，装置处理规模应满足最大处理负荷要求。

- 油气回收设施的管道规格应根据水力计算确定，油气管道流速计算最大限值不宜大于 20 m/s，油气管道设计压力不应低于 1.0 MPa 管路、配件的公称压力不应低于 2.0 MPa。

- 回收处理工艺应将油气的特性、现场条件和经济技术比较后再确定，可采用吸收法、吸附法、冷凝法、膜法等工艺或其组合工艺，处理原油挥发气体时应根据油气品种采取脱硫等预处理措施。

- 油码头企业中载有油品的设备与管线组件及油气收集系统，应按

《挥发性有机物无组织排放控制标准》（GB 37822—2019）开展泄漏检测与修复工作。当泄漏点位达到 2 000 个以上时，应定期开展 LDAR 检测。

3. 监测监控

（1）油船

• 每年至少对油船油气密封点开展 2 次自行监测，2 次监测时间间隔应大于 3 个月，保存原始监测记录，并依法公布监测结果。

• 采用氢火焰离子化检测仪（以甲烷或丙烷为校准气体）对油船油气密封点进行检测，监测采样和测定方法按《泄漏和敞开液面排放的挥发性有机物检测技术导则》（HJ 733—2014）的规定执行。油船油气密封点（如油船油气回收管线法兰盲板）泄漏检测值不应超过 500 μmol/mol。若采用红外摄像方式检测油船油气密封点时，不应有油气泄漏。

（2）油码头

• 企业应按照环境监测管理规定和技术规范的要求，设计、建设、维护永久性采样口、采样测试平台和排污口标志。

• 在不少于 50% 发油鹤管处于发油时段时对油气处理装置进口和出口油气进行采样，其中连接油船的油气处理装置应在发油时段中后期进行采样，对于包含吸附工艺的油气处理装置，采样应包括每个吸附塔的工作过程。监测采样按《固定污染源排气中颗粒物测定与气态污染物采样方法》（GB/T 16157—1996）、《固定源废气监测技术规范》（HJ/T 397—2007）、《固定污染源废气　挥发性有机物的采样　气袋法》（HJ 732—2014）以及《固定污染源废气总烃、甲烷和非甲烷总烃的测定　气相色谱法》（HJ 38—2017）的规定执行。

• 在发油时段采用氢火焰离子化检测仪（以甲烷或丙烷为校准气体）对油气收集系统密封点进行检测，其中连接油船的油气收集系统密封点应在发油时段中后期进行检测，同时应对设备与管线组件密封点进行检测，监测采样和测定方法均按《泄漏和敞开液面排放的挥发性有机物检测技术导则》（HJ 733—2014）的规定执行。对油码头油气收集系统密封点进行检测时，系统泄漏检测值不应超过 500 μmol/mol。若采用红外摄像方式检测油气收集系统密封点时，不应有油气泄漏。

- 可通过检测报告检查油气处理装置 NMHC 排放浓度及处理效率，油气处理装置排放限值应符合《储油库大气污染物排放标准》（GB 20950—2020）中表 1 的要求。

- 企业边界 NMHC 的监测采样和测定方法按《大气污染物无组织排放监测技术导则》（HJ/T 55—2000）和《环境空气　总烃、甲烷和非甲烷总烃的测定　直接进样 - 气相色谱法》（HJ 604—2017）的规定执行。企业边界任意 1 小时 NMHC 平均浓度值不应超过 4 mg/m³。

4. 台账记录

油船、油码头均应建立各环节台账记录，记录中应至少包括基本信息与油气处理设备运行参数等内容。基本信息中应记录油品种类及周转量等，装有过程中应记录船舶吨位及数量等，油气处理装置运行参数应记录气体流量、系统压力、氧含量、装船量、入口平均浓度、排气筒出口平均浓度、装置运行实际时间、收集系统和处理装置实际维修时间及维修结果、一次性吸附剂更换时间和更换量，再生型吸附剂再生周期、更换情况，废吸附剂储存、处置情况等。

5. 旁路整治

- 码头油气回收系统安全应急旁路包括高速透气 / 真空阀（或压力 / 真空释放阀）和电动卸载阀。其中高速透气 / 真空阀（或压力 / 真空释放阀）技术应满足《码头油气回收船岸安全装置标准》（JT/T 1333—2020）要求，用于压力超标等紧急情况下气体排空，保障安全。电动卸载阀技术要求应满足《码头油气回收船岸安全装置标准》（JT/T 1333—2020）的要求，用于油气氧含量超标等紧急情况下气体排空，保障安全。上述旁路应通过在线监测报警等方式避免偷排现象。

- 码头企业应将上述旁路清单报当地生态环境主管部门，开启后应及时向当地生态环境主管部门报告，做好台账记录。

附件

附表　常见有机化学品 25℃下的饱和蒸汽压

序号	有机化学品名称	饱和蒸汽压 /kPa
1	甲醇	16.670
2	乙腈	12.311
3	环氧乙烷	气体
4	乙醇	7.959
5	甲酸	5.744
6	丙烯腈	15.220
7	丙酮	30.788
8	环氧丙烷	71.909
9	醋酸	2.055
10	甲酸甲酯	78.065
11	异丙醇	6.021
12	正丙醇	2.780
13	乙二醇	0.012
14	氯乙烯	气体
15	氯乙烷	气体
16	环戊二烯	19.112
17	异戊二烯	73.345
18	环戊烷	42.328
19	丙烯酸	0.568
20	甲乙酮（2- 丁酮）	12.057
21	四氢呋喃	21.620
22	异丁醛	22.967
23	正丁醛	14.787
24	异戊烷	91.664
25	N,N- 二甲基甲酰胺 (DMF)	0.533
26	二乙胺	29.999
27	甲酸乙酯	32.544
28	乙酸甲酯	28.834
29	异丁醇	2.438

序号	有机化学品名称	饱和蒸汽压 /kPa
30	正丁醇	0.824
31	丙二醇	0.016
32	甲缩醛	53.107
33	3- 氯丙烯	49.048
34	苯	12.691
35	吡啶（氮苯）	2.763
36	环己烯	11.842
37	1- 己烯	24.807
38	环己烷	13.017
39	二氯甲烷	57.259
40	醋酸乙烯	15.301
41	正己烷	20.192
42	甲基叔丁基醚（MTBE）	36.494
43	正丁酸	0.104
44	乙酸乙酯	12.617
45	异戊醇	0.417
46	氯丁二烯	28.783
47	乙二胺	1.668
48	甲苯	3.792
49	丙三醇	0.000
50	环氧氯丙烷	2.267
51	苯胺	0.089
52	2- 甲基吡啶	1.494
53	苯酚	固体
54	糠醛	0.208
55	氟苯	10.223
56	1,2- 二氯乙烯	44.159
57	偏二氯乙烯	30.262
58	环己酮	0.640
59	甲基环己烷	6.181
60	二氯乙烷	10.414
61	正庚烷	6.094

序号	有机化学品名称	饱和蒸汽压 /kPa
62	甲基丙烯酸甲酯	4.847
63	环己醇	0.038
64	甲基异丁基酮	2.575
65	异庚烷	8.787
66	三乙胺	7.701
67	醋酸酐	0.705
68	丙酸乙酯	4.961
69	醋酸正丙酯	4.486
70	乙基丁基醚	7.507
71	1- 己醇	0.110
72	苯乙烯	0.879
73	对二甲苯	1.168
74	间二甲苯	1.107
75	邻二甲苯	0.882
76	混二甲苯	1.106
77	二乙二醇	0.000
78	乙苯	1.268
79	间甲苯胺	0.026
80	邻甲苯胺	0.034
81	苯甲醇	0.012
82	间苯甲酚	0.022
83	邻苯甲酚	固体
84	对苯甲酚	固体
85	溴乙烷	62.166
86	间苯二酚	固体
87	1- 甲基 -2- 乙基环戊烷	1.954
88	乙基环己烷	1.705
89	1,3- 二甲基环己烷	2.866
90	1,4- 二甲基环己烷	20.033
91	氯苯	1.596
92	异辛烷	6.580
93	正辛烷	1.860

VOCs

| 挥发性有机物治理实用手册（第二版）

序号	有机化学品名称	饱和蒸汽压 /kPa
94	3- 甲基庚烷	2.605
95	2- 甲基庚烷	2.748
96	乙酸丁酯	1.529
97	醋酸仲丁酯	1.529
98	甲基苯乙烯	0.323
99	三氯甲烷（氯仿）	26.323
100	异丙苯	0.611
101	正丙苯	0.449
102	硝基苯	0.035
103	萘	固体
104	正壬烷	0.571
105	1- 辛醇	0.013
106	三氯乙烯	9.211
107	双环戊二烯	0.298
108	二乙苯	0.144
109	三氯氟甲烷	气体
110	正癸烷	0.173
111	α - 萘酚	固体
112	邻二氯苯	0.197
113	间二氯苯	0.265
114	1,2,3- 三氯丙烷	气体
115	四氯化碳	15.251
116	癸醇	0.001
117	四氯乙烯	2.434
118	1,1,1,2- 四氯乙烷	1.603
119	1,1,2,2- 四氯乙烷	0.579
120	1,1,1- 三氯乙烷	17.797
121	1,1,2- 三氯乙烷	2.914
122	五氯乙烷	0.455

第 2 部分

重点行业与领域 VOCs
政策标准解读

一、政策解释说明

（一）实施排污许可

1. 技术规范

- 《排污许可证申请与核发技术规范　总则》（HJ 942—2018）
- 《排污许可证申请与核发技术规范　石化工业》（HJ 853—2017）
- 《排污许可证申请与核发技术规范　专用化学产品制造工业》（HJ 1103—2020）
- 《排污许可证申请与核发技术规范　日用化学产品制造工业》（HJ 1104—2020）
- 《排污许可证申请与核发技术规范　橡胶和塑料制品工业》（HJ 1122—2020）
- 《排污许可证申请与核发技术规范　化学纤维制造业》（HJ 1102—2020）
- 《排污许可证申请与核发技术规范　煤炭加工—合成气和液体燃料生产》（HJ 1101—2020）
- 《排污许可证申请与核发技术规范　化肥工业—氮肥》（HJ 864.1—2017）
- 《排污许可证申请与核发技术规范　炼焦化学工业》（HJ 854—2017）

- 《排污许可证申请与核发技术规范　制药工业—原料药制造》（HJ 858.1—2017）
- 《排污许可证申请与核发技术规范　农药制造工业》（HJ 862—2017）
- 《排污许可证申请与核发技术规范　涂料、油墨、颜料及类似产品制造业》（HJ 1116—2020）
- 《排污许可证申请与核发技术规范　汽车制造业》（HJ 971—2018）
- 《排污许可证申请与核发技术规范　家具制造工业》（HJ 1027—2019）
- 《排污许可证申请与核发技术规范　印刷工业》（HJ 1066—2019）
- 《排污许可证申请与核发技术规范　电子工业》（HJ 1031—2019）
- 《排污许可证申请与核发技术规范　纺织印染工业》（HJ 861—2017）
- 《排污许可证申请与核发技术规范　储油库、加油站》（HJ 1118—2020）
- 《排污许可证申请与核发技术规范　制药工业—化学药品制剂制造》（HJ 1063—2019）
- 《排污许可证申请与核发技术规范　聚氯乙烯工业》（HJ 1036—2019）
- 《排污许可证申请与核发技术规范　人造板工业》（HJ 1032—2019）
- 《排污许可证申请与核发技术规范　生物药品制品制造》（HJ 1062—2019）
- 《排污许可证申请与核发技术规范　无机化学工业》（HJ 1035—2019）
- 《排污许可证申请与核发技术规范　磷肥、钾肥、复混肥料、有机肥料及微生物肥料工业》（HJ 8642—2018）
- 《排污许可证申请与核发技术规范　铁路、船舶、航空航天和其他运输设备制造业》（HJ 1124—2020）
- 《排污许可证申请与核发技术规范　制药工业—中成药生产》（HJ 1064—2019）
- 《排污许可证申请与核发技术规范　金属铸造工业》（HJ 1115—2020）

2. 监督管理

（1）排污管理

- 排污许可证是对排污单位进行生态环境监管的主要依据。排污单位应当遵守排污许可证规定，按照生态环境管理要求运行和维护污染防治设施，建立环境管理制度，严格控制污染物排放。

- 排污单位应当按照生态环境主管部门的规定建设规范化污染物排放口，并设置标志牌。污染物排放口位置和数量、污染物排放方式和排放去向应当与排污许可证规定相符。实施新建、改建、扩建项目和技术改造的排污单位，应当在建设污染防治设施的同时，建设规范化污染物排放口。

- 排污单位应当按照排污许可证规定和有关标准规范，依法开展自行监测，并保存原始监测记录。原始监测记录保存期限不得少于 5 年。排污单位应当对自行监测数据的真实性、准确性负责，不得篡改和伪造。

- 实行排污许可重点管理的排污单位，应当依法安装、使用、维护污染物排放自动监测设备，并与生态环境主管部门的监控设备联网。排污单位发现污染物排放自动监测设备传输数据异常的，应当及时报告生态环境主管部门，并进行检查、修复。

- 排污单位应当建立环境管理台账记录制度，按照排污许可证规定的格式、内容和频次，如实记录主要生产设施、污染防治设施运行情况以及污染物排放浓度、排放量。环境管理台账记录保存期限不得少于 5 年。排污单位发现污染物排放超过污染物排放标准等异常情况时，应当立即采取措施消除、减轻危害后果，如实进行环境管理台账记录，并报告生态环境主管部门，说明原因。超过污染物排放标准等异常情况下的污染物排放计入排污单位的污染物排放量。

- 排污单位应当按照排污许可证规定的内容、频次和时间要求，向审批部门提交排污许可证执行报告，如实报告污染物排放行为、排放浓度、排放量等。排污许可证有效期内发生停产的，排污单位应当在排污许可证执行报告中如实报告污染物排放变化情况并说明原因。排污许可证执行报告中报告的污染物排放量可以作为年度生态环境统计、重点污染物排放总量考核、污染源排放清单编制的依据。

- 排污单位应当按照排污许可证规定，如实在全国排污许可证管理信息平台上公开污染物排放信息。污染物排放信息应当包括污染物排放种类、排放浓度和排放量，以及污染防治设施的建设运行情况、排污许可证执行报告、自行监测数据等；其中，水污染物排入市政排水管网的，还应当包括污水接入市政排水管网位置、排放方式等信息。

- 污染物产生量、排放量和对环境的影响程度都很小的企业事业单位和其他生产经营者，应当填报排污登记表，不需要申请取得排污许可证。需要填报排污登记表的企业事业单位和其他生产经营者范围名录，由国务院生态环境主管部门制定并公布。制定需要填报排污登记表的企业事业单位和其他生产经营者范围名录，应当征求有关部门、行业协会、企业事业单位和社会公众等方面的意见。需要填报排污登记表的企业事业单位和其他生产经营者，应当在全国排污许可证管理信息平台上填报基本信息、污染物排放去向、执行的污染物排放标准以及采取的污染防治措施等信息；填报的信息发生变动的，应当自发生变动之日起20日内进行变更填报。

（2）监督检查

- 生态环境主管部门应当加强对排污许可的事中事后监管，将排污许可执法检查纳入生态环境执法年度计划，根据排污许可管理类别、排污单位信用记录和生态环境管理需要等因素，合理确定检查频次和检查方式。生态环境主管部门应当在全国排污许可证管理信息平台上记录执法检查时间、内容、结果以及处罚决定，同时将处罚决定纳入国家有关信用信息系统向社会公布。

- 排污单位应当配合生态环境主管部门监督检查，如实反映情况，并按照要求提供排污许可证、环境管理台账记录、排污许可证执行报告、自行监测数据等相关材料。禁止伪造、变造、转让排污许可证。

- 生态环境主管部门可以通过全国排污许可证管理信息平台监控排污单位的污染物排放情况，发现排污单位的污染物排放浓度超过许可排放浓度的，应当要求排污单位提供排污许可证、环境管理台账记录、排污许可证执行报告、自行监测数据等相关材料进行核查，必要时可以组织开展现场监测。

- 生态环境主管部门根据行政执法过程中收集的监测数据，以及排污单位的排污许可证、环境管理台账记录、排污许可证执行报告、自行监测数据等相关材料，对排污单位在规定周期内的污染物排放量，以及排污单位污染防治设施运行和维护是否符合排污许可证规定进行核查。

- 生态环境主管部门依法通过现场监测、排污单位污染物排放自动监测设备、全国排污许可证管理信息平台获得的排污单位污染物排放数据，可以作为判定污染物排放浓度是否超过许可排放浓度的证据。排污单位自行监测数据与生态环境主管部门及其所属监测机构在行政执法过程中收集的监测数据不一致的，以生态环境主管部门及其所属监测机构收集的监测数据作为行政执法依据。

- 国家鼓励排污单位采用污染防治可行技术。国务院生态环境主管部门制定并公布污染防治可行技术指南。排污单位未采用污染防治可行技术的，生态环境主管部门应当根据排污许可证、环境管理台账记录、排污许可证执行报告、自行监测数据等相关材料，以及生态环境主管部门及其所属监测机构在行政执法过程中收集的监测数据，综合判断排污单位采用的污染防治技术能否稳定达到排污许可证规定；对不能稳定达到排污许可证规定的，应当提出整改要求，并可以增加检查频次。制定污染防治可行技术指南，应当征求有关部门、行业协会、企业事业单位和社会公众等方面的意见。

- 对排污单位存在违反本条例规定的行为时，任何单位和个人均有向生态环境主管部门举报的权利。接到举报的生态环境主管部门应当依法处理，按照有关规定向举报人反馈处理结果，并替举报人保密。

（3）法律责任

• 生态环境主管部门在排污许可证审批或者监督管理中有下列行为之一的，由上级机关责令改正；对直接负责的主管人员和其他直接责任人员依法给予处分：对符合法定条件的排污许可证申请不予受理或者不在法定期限内审批；向不符合法定条件的排污单位颁发排污许可证；违反审批权限审批排污许可证；发现违法行为不予查处；不依法履行监督管理职责的其他行为。排污单位有下列行为之一的，由生态环境主管部门责令改正或者限制生产、停产整治，处 20 万元以上 100 万元以下的罚款；情节严重的，报经有批准权的人民政府批准，责令停业、关闭：未取得排污许可证排放污染物；排污许可证有效期届满未申请延续或者延续申请未经批准排放污染物；被依法撤销、注销、吊销排污许可证后排放污染物；依法应当重新申请取得排污许可证，未重新申请取得排污许可证排放污染物。

• 排污单位有下列行为之一的，由生态环境主管部门责令改正或者限制生产、停产整治，处 20 万元以上 100 万元以下的罚款；情节严重的，吊销排污许可证，报经有批准权的人民政府批准，责令停业、关闭：超过许可排放浓度、许可排放量排放污染物；通过暗管、渗井、渗坑、灌注或者篡改、伪造监测数据，或者不正常运行污染防治设施等逃避监管的方式违法排放污染物。

• 排污单位有下列行为之一的，由生态环境主管部门责令改正，处 5 万元以上 20 万元以下的罚款；情节严重的，处 20 万元以上 100 万元以下的罚款，责令限制生产、停产整治：未按照排污许可证规定控制大气污染物无组织排放；特殊时段未按照排污许可证规定停止或者限制排放污染物。

• 排污单位有下列行为之一的，由生态环境主管部门责令改正，处 2 万元以上 20 万元以下的罚款；拒不改正的，责令停产整治：污染物排放口位置或者数量不符合排污许可证规定；污染物排放方式或者排放去向不符合排污许可证规定；损毁或者擅自移动、改变污染物排放自动监测设备；未按照排污许可证规定安装、使用污染物排放自动监测设备并与生态环境主管部门的监控设备联网，或者未保证污染物排放自动监测设备正常运行；未按照排污许可证规定制定自行监测方案并开展自行监测；未按照排污许可证规定保存原始监测记录；未按照排污许可证规定公开或者不如实公开污染物排放信息；发现污染物排放自动监测设备传输数据异常或者污染物排放超过污染物排放标准等异常情况不报告；违反法律法规规定的其他控制污染物排放要求的行为。

- 排污单位有下列行为之一的，由生态环境主管部门责令改正，处每次 5 千元以上 2 万元以下的罚款；法律另有规定的，从其规定：未建立环境管理台账记录制度，或者未按照排污许可证规定记录；未如实记录主要生产设施及污染防治设施运行情况或者污染物排放浓度、排放量；未按照排污许可证规定提交排污许可证执行报告；未如实报告污染物排放行为或者污染物排放浓度、排放量。

- 排污单位受到罚款处罚，被责令改正的，生态环境主管部门应当组织复查，发现其继续实施该违法行为或者拒绝、阻挠复查的，依照《中华人民共和国环境保护法》的规定按日连续处罚。

- 排污单位拒不配合生态环境主管部门监督检查，或者在接受监督检查时弄虚作假的，由生态环境主管部门责令改正，处 2 万元以上 20 万元以下的罚款。

- 排污单位以欺骗、贿赂等不正当手段申请取得排污许可证的，由审批部门依法撤销其排污许可证，处 20 万元以上 50 万元以下的罚款，3 年内不得再次申请排污许可证。

- 伪造、变造、转让排污许可证的，由生态环境主管部门没收相关证件或者吊销排污许可证，处 10 万元以上 30 万元以下的罚款，3 年内不得再次申请排污许可证。

- 接受审批部门委托的排污许可技术机构弄虚作假的，由审批部门解除委托关系，将相关信息记入其信用记录，在全国排污许可证管理信息平台上公布，同时纳入国家有关信用信息系统向社会公布；情节严重的，禁止从事排污许可技术服务。

- 需要填报排污登记表的企业事业单位和其他生产经营者，未依照条例规定填报排污信息的，由生态环境主管部门责令改正，可以处 5 万元以下的罚款。

- 排污单位有下列行为之一，尚不构成犯罪的，除依照条例规定予以处罚外，对其直接负责的主管人员和其他直接责任人员，依照《中华人民共和国环境保护法》的规定处以拘留：未取得排污许可证排放污染物，被责令停止排污，拒不执行；通过暗管、渗井、渗坑、灌注或者篡改、伪造监测数据，或者不正常运行污染防治设施等逃避监管的方式违法排放污染物。

（二）实施差异化管理

1. 绩效分级

根据《重污染天气重点行业应急减排措施制定技术指南》（环办大气函〔2020〕340）的相关内容要求，梳理出涉及 VOCs 排放的重点行业，主要包括焦化、铸造、防水建筑材料、炼油与石油化工、制药、农药制造、涂料制造、油墨制造、纤维素醚、包装印刷、人造板制造、塑料人造革与合成革制造、橡胶制品制造、制鞋、家具制造、汽车整车制造、工程机械制造、工业涂装行业。

与本书重点行业相关的行业有炼油与石油化工、橡胶制品制造、焦化、制药、农药制造、涂料制造、油墨制造、家具制造、汽车整车制造、工程机械制造、工业涂装行业。在启动不同级别的重污染天气预警时，各级企业按照不同行业的要求进行停限产。

2. 奖罚政策

重污染天气预警启动时，A 级企业鼓励其结合实际，自主采取减排措施。B 级企业通常在红色预警期间，部分工序停产并停止使用国四及以下重型载货车辆（含燃气）进行运输，不同行业其要求略有差异。C 级企业在橙色预警期间，部分工序停产并停止使用国四及以下重型载货车辆（含燃气）进行运输，不同行业其要求略有差异。D 级企业在黄色预警期间，部分工序停产并停止使用国四及以下重型载货车辆（含燃气）进行运输，不同行业其要求略有差异。

此外，部分重点行业中的子行业分为引领性企业和非引领性企业，前者可在重污染天气启动时自主采取减排措施，后者需要根据预警等级停限产部分工序。

重点涉 VOCs 行业重污染天气减排措施清单见表 2-1。

表 2-1　重点涉 VOCs 行业重污染天气减排措施清单

重点行业	A 级	B 级	C 级	D 级
炼油与石油化工	鼓励结合实际，自主采取减排措施	橙色及以上预警期间：（1）石油炼制工业企业相关储罐的周转量和周转频次降低至预警前和周转量和周转频次降低至预警前80%，石油化学工业企业相关储罐的周转量和周转频次降低至预警前80%；（2）对真实蒸气压≥2.8 kPa但＜76.6kPa 的挥发性有机液体，石油炼制工业企业相关装载量和装载频次降低至预警前的90%，石油化学工业企业相关装载量和装载频次降低至预警前的80%；（3）停止使用国四及以下重型载货车辆（含燃气）进行运输	生产负荷调整：炼油生产系列常控压蒸馏装置生产负荷控制在90%以内（含，以小时加工量计，加工量以"环评批复产能、排污许可实际产能、前一年正常生产实际产量"三者日均值的最小值为基准核算），并列明装置清单及加工量调整情况；化工生产系列乙烯装置生产负荷控制在80%以内（含，以小时加工量计，加工量以"环评批复产能、排污许可实际产能、前一年正常生产实际产量"三者日均值的最小值为基准核算），并列明装置清单及加工量调整情况；同时辅助装置（锅炉、加热炉等）根据实际生产负荷进行配比，同比例降低原辅材料及产品装卸频次；停止使用国四及以下重型载货车辆（含燃气）进行运输	生产负荷调整：炼油生产系列常控压蒸馏装置生产负荷控制在80%以内（含，以小时加工量计，加工量以"环评批复产能、排污许可实际产能、前一年正常生产实际产量"三者日均值的最小值为基准核算），并列明装置清单及加工量调整情况；化工生产系列乙烯装置生产负荷控制在70%以内（含，以小时加工量计，加工量以"环评批复产能、排污许可实际产能、前一年正常生产实际产量"三者日均值的最小值及加工量调整情况；同时辅助装置（锅炉、加热炉等）根据实际生产负荷进行配比，同比例降低原辅材料及产品装卸频次；停止使用国四及以下重型载货车辆（含燃气）进行运输

续表

重点行业	A级	B级	C级	D级
橡胶制品制造	鼓励结合实际，自主采取减排措施	（1）轮胎制品制造、橡胶板、管、带制品制造、橡胶零件制造、其他橡胶制品制造、运动场地用塑胶制品制造：黄色及以上预警期间：停止使用国四及以下重型载货车辆（含燃气）进行运输。橙色预警期间：混炼、硫化等涉VOCs排放工序停产30%，以混炼胶机、硫化机停产数量确定停产比例。停止使用国四及以下重型载货车辆（含燃气）进行运输。红色预警期间：混炼、硫化等涉VOCs排放工序停产。停止使用国四及以下重型载货车辆（含燃气）进行运输。（2）日用及医用橡胶制品制造：停止使用国四及以下重型载货车辆（含燃气）进行运输。红色预警期间：配料、浸渍、氯洗、硫化等工序停产；停止使用国四及以下重型载货车辆（含燃气）进行运输	（1）轮胎制品制造、橡胶板、管、带制品制造、橡胶零件制造、运动场地用塑胶制品制造：黄色及橙色预警期间：混炼、硫化等涉VOCs排放工序停产50%，以混炼胶机、硫化机停产数量确定停产比例。停止使用国四及以下重型载货车辆（含燃气）进行运输。红色预警期间：混炼、硫化等涉VOCs排放工序停产。停止使用国四及以下重型载货车辆（含燃气）进行运输。（2）日用及医用橡胶制品制造：黄色、橙色预警期间：限产30%，以环评批复的产量、排污许可载明的产量、近一年实际产量基准核算。停止使用国四及以下重型载货车辆（含燃气）进行运输。红色预警期间：配料、浸渍、氯洗、硫化等工序停产；停止使用国四及以下重型载货车辆（含燃气）进行运输	（1）轮胎制品制造、橡胶板、管、带制品制造、橡胶零件制造、其他橡胶制品制造、运动场地用塑胶制品制造：黄色等涉VOCs排放以上预警期间：混炼、硫化等停产；停止使用国四及以下重型载货车辆（含燃气）进行运输。（2）日用及医用橡胶制品制造：黄色预警期间：停止使用国四及以下重型载货车辆（含燃气）进行运输。橙色预警期间：限产50%，以环评批复的产量，近一年实际产量的最小值为载明的产量。红色预警期间：配料、浸渍、氯洗等工序停产；停止使用国四及以下重型载货车辆（含燃气）进行运输

续表

重点行业	A 级	B 级	C 级	D 级
焦化（常规机焦）	鼓励结合实际，自主采取减排措施	黄色及以上预警期间：焦炉负荷降至设计生产负荷的 80% 以内，以延迟出焦时间计；停止使用国四及以下重型载货车辆（含燃气）进行运输	黄色及以上预警期间：焦炉负荷降至设计生产负荷的 65% 以内，以延迟出焦时间计；停止使用国四及以下重型载货车辆运输	黄色及以上预警期间：焦炉负荷降至设计生产负荷的 50% 以内，以延迟出焦时间计；停止公路运输
制药	鼓励结合实际，自主采取减排措施	橙色及以上预警期间：限产 20%（含）以上，以减少投料量的方式操作，以"环评批复产能、排污许可载明产能、前一年正常生产实际产量"三者实际产量值为基准核算；停止使用国四及以下重型载货车辆（含燃气）进行运输	生产负荷调整：企业停产 20%（含），以"环评批复产能、排污许可载明产能、前一年正常生产实际产量"三者日均值的最小值为基准核算，发酵工艺以发酵罐停产数量确定限产比例，化学合成工艺以反应罐停产数量确定罐停产数量确定限产比例。同一绩效分级企业可由城市统筹，轮流停产	生产负荷调整：停产 30%（含），以"环评批复产能、排污许可载明产能、前一年正常生产实际产量"三者日均值的最小值为基准核算，发酵工艺以发酵罐停产数量确定限产比例，化学合成工艺以提取罐停产比例、反应罐停产数量确定限产比例。同一绩效分级企业可由城市统筹，轮流停产

续表

重点行业	A 级	B 级	C 级	D 级
农药制造	鼓励结合实际,自主采取减排措施	黄色预警期间:停止使用国四及以下重型载货车辆(含燃气)进行运输。橙色预警期间:限产 20%,以"环评批复产能、排污许可载明产能,前一年正常生产实际产量"三者准核算,以基准核算,以减少投料量的最小值的方式操作;停止使用国四及以下重型载货车辆(含燃气)进行运输	生产负荷调整:停产 20%,以排污许可载明的主要生产设施为基准,发酵工艺以发酵罐停产数量确定限产比例,化学合成工艺以反应罐停产数量确定限产比例,提取工艺以提取罐停产数量确定限产比例。应急减排措施:黄色及以上预警期间:停止使用国四及以下重型载货车辆(含燃气)进行运输	生产负荷调整:停产 30%,以排污许可载明的主要生产设施为基准,发酵工艺以发酵罐停产数量确定限产比例,化学合成工艺以反应罐停产数量确定限产比例,提取工艺以提取罐停产数量确定限产比例。应急减排措施:黄色及以上预警期间:停止使用国四及以下重型载货车辆(含燃气)进行运输
涂料制造	鼓励结合实际,自主采取减排措施	红色预警期间:未满足《低挥发性有机化合物含量涂料产品技术要求》(GB/T 38597—2020)的溶剂型涂料及未满足符合国家标准溶剂型涂料及未满足符合国家标准生产车间配料,预混、分散、调和、清洗等工序停产;停止使用国四及以下重型载货车辆(含燃气)进行运输	橙色预警期间:未满足《低挥发性有机化合物含量涂料产品技术要求》(GB/T 38597—2020)的溶剂型涂料及未满足符合国家标准的水性涂料生产车间配料,预混、分散、调和、调整、过滤、清洗等工序停产;停止使用国四及以下重型载货车辆(含燃气)进行运输。红色预警期间:配料、预混、分散、搅拌、调和、过滤、调整、灌装等涉及 VOCs 排放工序停产;停止使用国四及以下重型载货车辆(含燃气)进行运输	黄色及以上预警期间:配料,预混、分散、融化、搅拌、调和、调整、灌装等涉及 VOCs 排放的国四及以下重型载货车辆(含燃气)进行运输

续表

重点行业	A级	B级	C级	D级
油墨制造	鼓励结合实际，自主采取减排措施	橙色预警期间：停止使用国四及以下重型载货车辆（含燃气）进行运输。红色预警期间：配料、投料、分散、研磨、混合、捏合脱水、包装、清洗等涉VOCs排放工序停产；停止使用国四及以下重型载货车辆（含燃气）进行运输	黄色预警期间：停止使用国四及以下重型载货车辆（含燃气）进行运输。橙色及以上预警期间：配料、投料、分散、研磨、混合、捏合脱水、包装、清洗等涉VOCs排放工序停产；停止使用国四及以下重型载货车辆（含燃气）进行运输	黄色及以上预警期间：配料、投料、混合、研磨、捏合脱水、包装、清洗等涉VOCs排放工序停产；停止使用国四及以下重型载货车辆（含燃气）进行运输
家具制造	鼓励结合实际，自主采取减排措施	黄色预警期间：停止使用国四及以下重型载货车辆（含燃气）进行运输。橙色及以上预警期间：开料、机加工、打磨、施胶、供漆、调漆、涂装、干燥/烘干等涉气排放工序停产，以生产线计；停止使用国四及以下重型载货车辆（含燃气）进行运输	黄色及以上预警期间：开料、机加工、打磨、施胶、供漆、调漆、干燥/烘干等涉气排放工序停产；停止使用国四及以下重型载货车辆（含燃气）进行运输	黄色及以上预警期间：开料、机加工、打磨、施胶、供漆、调漆、涂装、干燥/烘干等涉气排放工序停产放工序停放工型载货车辆（含燃气）进行运输
				—

续表

重点行业	A级	B级	C级	D级
汽车整车制造	鼓励结合实际，自主采取减排措施	黄色预警期间：停止使用国四及以下重型载货车辆（含燃气）进行运输。 橙色预警期间：使用溶剂型原辅材料的产量，减少生产单元的产量，近一年实际许可载明的最小值核算，停止使用国四及以下重型载货车辆（含燃气）进行运输。 红色预警期间：涂胶、喷涂、喷漆、流平、烘干、精饰及修补、注蜡等涂装生产单元停产；停止使用国四及以下重型载货车辆（含燃气）进行运输	黄色预警期间：使用溶剂型原辅料的喷涂、流平、烘干等涂装生产单元限产 30%，排污许可载明的产量，以环评批复的最小值的产量核算，减少生产批次或减少生产线；停止使用国四及以下重型载货车辆（含燃气）进行运输。 橙色预警期间：使用溶剂型原辅料的喷涂、流平、烘干等涂装生产单元限产 60%，排污许可载明的产量，以环评批复的最小值的产量核算，减少生产批次或减少生产线；停止使用国四及以下重型载货车辆（含燃气）进行运输。 红色预警期间：涂胶、喷涂、喷漆、流平、烘干、精饰及修补、注蜡等涂装生产单元停产；停止使用国四及以下重型载货车辆（含燃气）进行运输	黄色及以上预警期间：涂胶、喷涂、喷漆、流平、烘干、精饰及修补、注蜡等涂装生产单元停产；停止使用国四及以下重型载货车辆（含燃气）进行运输

续表

重点行业	A 级	B 级	C 级	D 级
工程机械制造	鼓励结合自身实际，自主采取减排措施	黄色预警期间：停止使用国四及以下重型载货车辆（含燃气）进行运输。橙色预警期间：使用溶剂型原辅材料的喷涂、流平、烘干等涂装复合生产单元的产量，近一年实际产量的最小值为基准核算，减少生产批次或减少生产，以环评批可载明的产量线；停止使用国四及以下重型载货车辆（含燃气）进行运输；红色预警期间：喷涂、流平、烘干等涂装生产单元停产；停止使用国四及以下重型载货车辆（含燃气）进行运输	黄色预警期间：使用溶剂型原辅材料的喷涂、流平、烘干等涂装复合生产单元限产30%，排污许可载明的产量、近一年实际产量的最小值或减少生产批次或减少生产，以环评批为基准核算，停止使用国四及以下重型载货车辆（含燃气）进行运输。橙色预警期间：使用溶剂型原辅材料的喷涂、流平、烘干等涂装复合生产单元限产60%，排污许可载明的产量、近一年实际产量的最小值或减少生产批次或减少生产，以环评批为基准核算，停止使用国四及以下重型载货车辆（含燃气）进行运输。红色预警期间：喷涂、流平、烘干等涂装生产单元停产；停止使用国四及以下重型载货车辆（含燃气）进行运输	黄色及以上预警期间：喷涂、流平、烘干等涂装生产单元停产；停止使用国四及以下重型载货车辆（含燃气）进行运输

续表

重点行业	A 级	B 级	C 级	D 级
工业涂装行业	鼓励结合实际，自主采取减排措施	黄色预警期间：停止使用国四及以下重型载货车辆（含燃气）进行运输。橙色预警期间：使用溶剂型原辅材料的喷涂、流平、烘干等涂装复生产的产量、近一年实际产量的最小值或减少生产批次核算，减少生产批次或减少生产线；停止使用国四及以下重型载货车辆（含燃气）进行运输。红色预警期间：喷涂、流平、烘干等涂装生产单元停产；停止使用国四及以下重型载货车辆（含燃气）进行运输	黄色预警期间：使用溶剂型原辅材料的喷涂、流平、烘干等涂装生产单元限产30%，排污许可载明的产量、近一年实际产量的最小值或减少生产批次核算，停止使用国四及以下重型载货车辆（含燃气）进行运输。橙色预警期间：使用溶剂型原辅材料的喷涂、流平、烘干等涂装生产单元限产60%，排污许可载明的产量、近一年实际产量的最小值或减少生产批次核算，停止使用国四及以下重型载货车辆（含燃气）进行运输。红色预警期间：喷涂、流平、烘干等涂装生产单元停产；停止使用国四及以下重型载货车辆（含燃气）进行运输	黄色及以上预警期间：喷涂、流平、烘干等涂装生产单元停产；停止使用国四及以下重型载货车辆（含燃气）进行运输

二、标准解释说明

（一）产品质量标准

1. 标准名称

- 《低挥发性有机化合物含量涂料产品技术要求》（GB/T 38597—2020）
- 《船舶涂料中有害物质限量》（GB 38469—2019）
- 《室内地坪涂料中有害物质限量》（GB 38468—2019）
- 《木器涂料中有害物质限量》（GB 18581—2020）
- 《车辆涂料中有害物质限量》（GB 24409—2020）
- 《工业防护涂料中有害物质限量》（GB 30981—2020）
- 《油墨中可挥发性有机化合物（VOCs）含量的限值》（GB 38507—2020）
- 《胶粘剂挥发性有机化合物限量》（GB 33372—2020）
- 《清洗剂挥发性有机化合物含量限值》（GB 38508—2020）

2. 标准解读

（1）问：VOCs 产品标准中的 VOCs 限值含义是什么？

答：目前，各类产品的 VOCs 定义基本上与《挥发性有机物无组织排放控制标准》（GB 37822—2019）的 VOCs 定义一致。而 VOCs 限值略有区别，其中：涂料相关标准中将涂料分为溶剂型涂料和水性涂料。溶剂型涂料是指在所有组分混合后，可以进行施工的状态（加入固化剂、稀释剂等后）的 VOCs 限值；水性涂料是指涂料产品扣除水分后再计算出的 VOCs 限值。油墨标准是指出厂状态下各种油墨的 VOCs 限值。胶粘剂是指出厂状态下溶剂型、水基型、本体型胶粘剂的 VOCs 限值，不适用脲醛、酚醛、三聚氰胺甲醛胶粘剂。清洗剂标准是指使用状态时清洗剂的 VOCs 限值（一般情况不加稀释剂，需要加稀释剂后使用的，应根据包装标识上稀释剂最小用量计算），不适用于航空航天、核工业、军工、半导体（含集成电路）制造用清洗剂。

（2）问：使用涂料、油墨、胶粘剂、清洗剂的企业应如何判定 VOCs 限值？

答：企业需向涂料、油墨、胶粘剂、清洗剂的产品供应商索要具有 CMA 和 CNAS 资质的第三方检测机构出具的产品检验报告；尚未开展检测且无法提供检测报告的需提供使用产品的化学品安全技术说明书（MSDS）。以图 2-1 为例，该家具制造企业使用的水性木器涂料产品检验报告书参照了《室内装饰装修材料　水性木器涂料中有害物质限量》（GB 24410—2009）的要求进行产品检验，产品扣水后限值满足 300 g/L［《木器涂料中有害物质限量》（GB 18581—2020）要求为 250 g/L］要求。图 2-2 中另一家企业的 MSDS 显示该涂料的 VOCs 含量为 37%～80%，按照新标准的要求，应再加上包装标识上的稀释剂、固化剂用量配比后估算出产品最终的 VOCs 含量。

（3）问：《低挥发性有机化合物含量涂料产品技术要求》（GB/T 38597—2020）与其他涂料标准是什么关系？

答：《低挥发性有机化合物含量涂料产品技术要求》（GB/T 38597—2020）是国家推荐性标准，主要涵盖了建筑、木器、车辆、工业防护、船舶、地坪、玩具、道路标识、防水防火涂料，VOCs 含量限值严于强制性国家标准。同其他涂料标准一样，溶剂型涂料是指在所有组分混合后，可以进行施工的状态（加入固化剂、稀释剂等后）的 VOCs 限值，水性涂料是指涂料产品扣除水分后的 VOCs 限值。

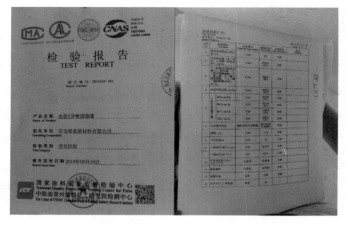

图 2-1　某企业提供的涂料检验报告

HP930 丙烯酸涂料 MSDS

1. 化学品及企业标识

产品名称：　　　　HP930 丙烯酸涂料
产品代码：　　　　HP930

公司名称：
公司地址：

电话：
传真：
24 小时服务紧急电话：

2. 成分/组成信息

该产品含有下列物质，这些物质 在"Dangerous Substances Directive 67/548/EEC"及"the Chemicals (Hazard Information and Packaging forSupply)Regulation 1999 (2)"的含义范围内被定为对健康有害或具有接触最高允许值(详见 EH40)。

纯品　　　　　　　　　　　　混合物　√

成 分 名 称	化 学 品 摘 要 编号	浓 度	代 号	危 险 术 语(*)
正丁醇	000071-36-3	25～50	Xn	R22,,R37/38,R41.R67
四亚乙基五胺	000112-57-2	01～02.5	C,N	R21/22,R34,R43,R51/53
三乙撑四胺	000112-24-3	01～02.5	C	R21,R34,R43,R52/53
二甲苯	001330-20-7	10～25	Xn	R20/21, R38

*危险术语的全文见第 16 条。

3. 危 害 性 概 述

易燃。
皮肤接触均有害。
对呼吸系统有制激性。
有严重伤害眼睛的危险。
与皮肤接触会导致过敏。

图 2-2　某企业使用涂料的 MSDS

（4）问：涂料使用时需添加的其他原材料是否需要遵守相关涂料有害物质限量强制性标准？例如，作为涂料的稀释剂使用的产品。

答：相关涂料有害物质限量强制性标准均要求控制"涂料施工状态下"的有害物质限量，也就是按照漆、固化剂、稀释剂等各组分的施工配比要求混合后（也就是施工状态），其有害物质限量应符合强制性标准的要求，不要求稀释剂、漆、固化剂等单个组分符合标准的要求。

（5）问：《工业防护涂料中有害物质限量》（GB 30981—2020）涉及的涂料是否包括自喷漆等气雾罐涂料？

答：由于气雾罐涂料中推进剂挥发很快，目前国内外均无准确测试气雾罐涂料中 VOCs 等有害物质含量的试验方法，因此《工业防护涂料中有害物质限量》（GB 30981—2020）未包括自喷漆等气雾罐涂料。

（6）问：《工业防护涂料中有害物质限量》（GB 30981—2020）中的建筑物和构筑物防护涂料与《建筑用墙面涂料中有害物质限量》（GB 18582—2020）中的建筑用墙面涂料如何区分？

答：《工业防护涂料中有害物质限量》（GB 30981—2020）的产品分类中已明确界定"建筑物和构筑物防护涂料（建筑用墙面涂料除外）"。《建筑用墙面涂料中有害物质限量》（GB 18582—2020）在范围中明确规定了适用于"建筑用墙面涂料"，该标准的产品分类中界定了墙面涂料的具体品种。因此墙面涂料产品应执行《建筑用墙面涂料中有害物质限量》（GB 18582—2020），墙面涂料以外的建筑物和构筑物涂料应执行《工业防护涂料中有害物质限量》（GB 30981—2020）。

（7）问：若一款产品同时适用于某一标准中的多种用途，VOCs 含量应按哪种用途执行？

答：《工业防护涂料中有害物质限量》（GB 30981—2020）的 5.1 中规定了"当涂料产品明示适用于多种用途时，应符合各要求中最严格的限量值要求"。

（8）问：判定是否属于"特殊功能性涂料"时，涂料的所有功能是否均需要符合特殊用途？

答：只要涂料产品明示的功能符合《工业防护涂料中有害物质限量》（GB 30981—2020）中所描述"特殊功能"中的一个功能，即属于特殊功能性涂料。

（9）问：在《工业防护涂料中有害物质限量》（GB 30981—2020）的 5.1 对"特殊功能涂料"的定义中有："150℃以上高温烧结成膜的聚四氟乙烯类涂料（耐化学介质、耐磨、润滑、不粘等特殊功能）"，所有150℃以上烧结的涂料是否都包括在内？

答：固化时温度超过150℃的聚四氟乙烯类涂料，并具备耐化学介质、耐磨、润滑、不粘等特殊功能中的至少一个，才属于特殊功能性涂料。其中的固化方式不限，只要固化温度超过150℃即可。但不是所有150℃以上固化的涂料都属于特殊功能性涂料，必须含有聚四氟乙烯，并具备相应的特殊功能才属于特殊功能性涂料。

（二）排放控制标准

1. 共性问题

（1）问：如何理解"挥发性有机物（VOCs）"的概念？

答：《挥发性有机物无组织排放控制标准》（GB 37822—2019）、《制药工业大气污染物排放标准》（GB 37823—2019）、《涂料、油墨及胶粘剂工业大气污染物排放标准》（GB 37824—2019）、《铸造工业大气污染物排放标准》（GB 39726—2020）、《农药制造工业大气污染物排放标准》（GB 39727—2020）、《陆上石油天然气开采工业大气污染物排放标准》（GB 39728—2020）、《储油库大气污染物排放标准》（GB 20950—2020）等大气污染物排放标准中规定了"挥发性有机物（VOCs）"的概念，表述为"参与大气光化学反应的有机化合物，或者根据有关规定确定的有机化合物"。

"挥发性有机物（VOCs）"的概念内涵丰富，既反映了 $PM_{2.5}$ 和 O_3 协同管控的主要环境管理目的，也兼顾了监测可行性、工业领域等其他方面的应用需要。其中，"有关规定"主要涉及相关标准、政策文件中兼顾对高毒害物质、恶臭扰民物质的管控，监测标准中基于检测仪器响应确定的 VOCs，以及工业生产部门基于蒸气压、沸点界定或按照产品质量标准规定方法测得的 VOCs 等。

（2）问：如何理解"VOCs 物料"的概念？

答：《挥发性有机物无组织排放控制标准》（GB 37822—2019），以及制药、农药、涂料、油墨、胶粘剂、铸造等行业大气污染物排放标准中，对 VOCs 物料储存、VOCs 物料转移和输送、涉 VOCs 物料生产工艺过程、载有气态或液态 VOCs 物料的设备与管线组件泄漏等提出了控制要求。

纳入管控的 VOCs 物料包括两类物质：一是 VOCs 质量占比大于等于 10% 的物料。主要涉及炼油、石油化工、煤化工、农林产品化工、有机精细化工等化工生产过程，以及涂料、油墨、胶粘剂、清洗剂等含 VOCs 产品的使用过程。对于 VOCs 含量低于 10% 的物料，排放标准未做限制性规定，鼓励企业使用清洁原辅材料，促进 VOCs 源头减排。二是有机聚合物材料。是指通过聚合反应人工合成的有机高分子材料，涉及合成树脂、合成橡胶、合成纤维材料的生产和制品加工过程。在塑料母粒、胶粒胶块等有机聚合物材料中，存在未聚合的游离单体，在制品加工过程中也存在聚合物的熔融、热解，有相应的 VOCs 排放，因此纳入了管控。

一些排放标准中使用了含 VOCs 原辅材料、含 VOCs 产品、含 VOCs 废料（渣、液）等概念，其含义与 VOCs 物料相同。

（3）问：如何确定企业使用物料的 VOCs 含量？

答：在实际生产中，因不同工艺环节进出料的变化，物料 VOCs 含量在不同工艺环节是不同的，需按工序逐一核实是否属于 VOCs 物料（VOCs 质量占比是否大于等于 10%），具体方法如下：

①对于单一成分有机物质（纯物质），按蒸汽压或沸点判断。

——常温下（20℃）蒸汽压大于等于 10 Pa 的有机化合物，或者常压下（101.3 kPa）沸点小于等于250℃的有机化合物。

——实际生产条件下具有以上挥发性特征的有机化合物。

——可通过化学手册、安托因方程、网络查询等工具，确定蒸气压或沸点是否在规定范围内。

②对于混合物，按VOCs质量占比是否大于等于10%，判断是否属于VOCs物料。

——根据物料组成及配方，符合①中条件的有机物质，质量加和占比大于等于10%。

——有产品质量标准规定的（如涂料、油墨、胶粘剂、清洗剂等产品），按照产品标准规定的VOCs含量检测方法，测得的挥发性有机成分的总质量占比大于等于10%。

——对于含VOCs废料（渣、液），可采用《工业固体废物采样技术规范》（HJ/T 20—1998）、《危险废物鉴别技术规范》（HJ 298—2019）、《固体废物 挥发性有机物的测定 顶空气相色谱-质谱法》（HJ 643—2013）、《固体废物 挥发性有机物的测定 顶空-气相色谱法》（HJ 760—2015）等关于固体废物采样、制备、挥发性有机物测定的标准、规范，确定含VOCs废料（渣、液）中VOCs含量。

③对于有机聚合物材料（塑料母粒、胶粒胶块等），直接认定为VOCs物料。

企业应提供每一道工序使用原辅材料的检测报告或化学品安全技术说明书（MSDS）数据，以及产品说明书等，按企业实际配比计算施工状态下的物料VOCs含量。在企业核发排污许可证时，应要求企业确认每一道工序使用物料的VOCs含量，便于开展后续环境管理工作。

环保人员可根据企业原辅材料出入库清单，进行现场核实，如无法提供相关信息证实VOCs质量占比低于10%，且未采取无组织排放控制措施的，认定为违法行为。环保人员也可现场采样，经第三方实验室分析确定VOCs含量。

（4）问：如何理解"挥发性有机液体"的概念？

答：《挥发性有机物无组织排放控制标准》（GB 37822—2019），以及制药、农药、涂料、油墨、胶粘剂、陆上石油天然气开采等行业大气污染物排放标准中，对挥发性有机液体储罐与装载设施、载有挥发性有机液体的设备与管线组件 VOCs 泄漏提出了控制要求。标准中界定的挥发性有机液体是属于液态 VOCs 物料中挥发性最强的部分，即真实蒸气压大于等于 0.3 kPa 的单一组分有机液体，或者混合物中真实蒸气压≥0.3 kPa 的组分总质量占比≥20% 的有机液体。

按照真实蒸气压来确定其是否属于挥发性有机液体，这与生产工况密切相关。对于非常温下工作、储存的有机液体，按实际的工作、储存温度确定蒸气压；对于常温下工作、储存的有机液体，则按常年的月平均气温最大值确定对应的蒸气压。例如，对于同一种物质，在常温下，如 20℃时，其蒸气压<0.3 kPa，不属于挥发性有机液体；但在工艺状态下，如工艺温度 100 ℃时，其蒸气压>0.3 kPa，属于挥发性有机液体。

（5）问：VOCs 有组织排放源执行的排放控制要求是什么？

答：VOCs 有组织排放源，包括 VOCs 无组织废气收集后转变为有组织排放源，执行的排放控制要求有两方面：

一是排放浓度控制。VOCs 废气收集处理系统污染物排放应符合相关行业排放标准规定，如陆上石油天然气开采、石油炼制、石油化工、合成树脂、炼焦、制药、农药、涂料油墨胶粘剂、合成革与人造革、橡胶制品、铸造等行业大气污染物排放标准；无行业排放标准的，执行《大气污染物综合排放标准》（GB 16297—1996）的规定。

二是处理效率要求。车间或生产设施有组织排气中，或无组织收集的废气中 NMHC 初始排放速率≥3 kg/h 时，应配置 VOCs 处理设施，处理效率不应低于 80%；对于重点地区，NMHC 初始排放速率≥2 kg/h 时，应配置 VOCs 处理设施，处理效率不应低于 80%；采用的原辅材料符合国家有关低 VOCs 含量产品规定的除外。

以上规定的目的是针对 VOCs 通风排放的特点（气量规模大、浓度低，浓度达标容易，但总量并未减少），通过对大源实施"排放浓度＋处理效率"双指标控制，有效减少 VOCs 排放量；对小源则简化了要求，仅要求排放浓度达标。

VOCs 有组织排放源执行的排放控制要求见表 2-2。

表 2-2　VOCs 有组织排放控制要求

NMHC 初始排放速率	使用的 VOCs 物料	排放控制要求	需采取的措施
大源≥3 kg/h（重点地区≥2 kg/h）	未使用规定的低 VOCs 产品	排放浓度达标处理效率达标	须安装处理设施，且效率 80% 以上
	全部使用了符合规定的低 VOCs 产品	排放浓度达标	收集后浓度超标：须安装处理设施
			收集后浓度不超标：可不安装处理设施
小源<3 kg/h（重点地区≥2 kg/h）	—	排放浓度达标	收集后浓度超标：须安装处理设施
			收集后浓度不超标：可不安装处理设施

执行表 2-2 的要求，应注意如下事项：

①同一车间内同类性质废气有多根排气筒的，合并计算 NMHC 排放速率，避免拆分达标。

②需要满足处理效率要求的，企业必须在处理设施进出口管道上均设置符合监测规范要求的采样孔、采样平台等。

③关于豁免处理效率的认定。综合考虑企业生产工艺、运行工况、含 VOCs 原辅材料使用情况以及废气收集率等因素，开展系统、全面的监测评估，保证在最不利生产工况下 NMHC 初始排放速率不超过 3 kg/h（重点地区≥2 kg/h），且废气收集系统符合标准规定（如控制风速符合要求）的前提下，可以豁免处理效率要求。相关台账应保存备查。

④企业同一工序在所有工作时段内使用的含 VOCs 原辅材料全部符合国家规定的低 VOCs 含量产品要求的前提下，方可豁免对治理设施处理效

率的要求。

⑤执法人员现场检查时发现处理设施进口任意 1 小时 NMHC 排放速率超过 3 kg/h（重点地区 ≥2 kg/h），且处理效率未达到 80% 的，认定存在超标行为。

（6）问：TO/RTO、CO/RCO 等燃烧装置如何进行烟气含氧量折算？

答：TO/RTO、CO/RCO 等燃烧装置进行烟气含氧量折算，需要区分不同的情况。为保证废气燃烧充分需要补充空气的，应将实测浓度折算为基准含氧量 3% 的大气污染物基准排放浓度，以此作为达标判定依据。若废气含氧量可满足自身燃烧、氧化反应需要，不需额外补充空气（不包括燃烧器需要补充的助燃空气，以及 RTO/RCO 的吹扫风），则以实测浓度作为达标判定依据，但需要保证装置出口烟气含氧量不得高于装置进口废气含氧量。同时，RTO、CO/RCO 需满足《蓄热燃烧法工业有机废气治理工程技术规范》（HJ 1093—2020）、《催化燃烧法工业有机废气治理工程技术规范》（HJ 2027—2013）等有机废气治理工程技术规范中关于设备运行的相关规定，如燃烧温度、停留时间、空速等。

进入燃烧装置的废气含氧量满足自身燃烧、氧化反应需要，不需额外补充空气的情形，通常包括以下几种：

①车间、工位、设备等通风作业产生的废气，废气中含氧量为 21%；

②因安全考虑，当进入燃烧装置的有机物浓度高于其爆炸极限下限的 25% 时，应兑入适量空气使其浓度降低至爆炸极限下限的 25% 以下，但应注意不要过量稀释，否则增加后续燃烧装置的能耗和治理难度；

③因工艺需要，一些高温废气需要采取混风方式冷却降温，一些强腐蚀性废气需要采取混风方式降低腐蚀性，应注意不要过量混风，否则将增加后续燃烧装置的能耗和治理难度。

（7）问：如何实施厂区内 VOCs 无组织排放监控要求？

答：对于《挥发性有机物无组织排放控制标准》（GB 37822—2019）、《制药工业大气污染物排放标准》（GB 37823—2019）、《涂料、油墨及胶粘剂工业大气污染物排放标准》（GB 37824—2019）、《铸造工业大气污染物排放标准》（GB 39726—2020）、《农药制造工业大气污染物排放标准》（GB 39727—2020）附录中规定的厂区内 VOCs 无组织排放监控要求，不是强制性要求。若要强制执行，可由省级人民政府发布公告，明确执行厂区内 VOCs 无组织排放监控要求的地域范围和时间；也可制定地方污染物排放标准，强制要求执行厂区内 VOCs 无组织排放监控要求，或制定更为严格的控制要求。公告或地方标准生效后，企业厂区内 VOCs 无组织排放监控点浓度超过厂区内 VOCs 无组织排放限值的，属于超标排放，应按照《大气污染防治法》超标排放的有关罚则进行处罚。

（8）问：泄漏与敞开液面 VOCs 浓度检测是否需要扣除甲烷？

答：设备与管线组件 VOCs 泄漏检测（包括废气收集系统密闭点泄漏检测、储油库油气收集系统密闭点泄漏检测、加油站油气回收系统密闭点泄漏检测）、敞开液面 VOCs 逸散浓度检测，采用《泄漏和敞开液面排放的挥发性有机物检测技术导则》（HJ 733—2014）规定的方法，读取氢火焰离子化检测仪（以甲烷或丙烷为校准气体）示值扣除环境本底值后的净值，不需要扣除甲烷。

（9）问：如何确定有机废气处理效率？

答：有机废气处理效率是单位时间（通常为 1 h）内有机废气处理装置销毁或去除的 VOCs 质量百分比与进入处理装置的 VOCs 质量的百分比。需要同步监测有机废气处理装置进口和出口非甲烷总烃（NMHC，用于表征 VOCs）质量浓度（mg/m³）和废气流量（m³/h），计算得出处理效率。计算公示如下：

$$\eta = \frac{\rho_{进}Q_{进} - \rho_{出}Q_{出}}{\rho_{进}Q_{进}} \times 100\%$$

式中：η——处理效率，%；

$\rho_{进}$——有机废气处理装置进口非甲烷总烃浓度，mg/m³；

$Q_{进}$——有机废气处理装置进口废气排气流量，m³/h；

$\rho_{出}$——机废气处理装置出口非甲烷总烃浓度，mg/m³；

$Q_{出}$——有机废气处理装置出口废气排气流量，m³/h。

2.《挥发性有机物无组织排放控制标准》（GB 37822—2019）

（1）问：各行业 VOCs 无组织排放应执行什么标准？

答：对行业污染物排放标准中已规定无组织排放控制要求的，这些行业的无组织排放控制按行业排放标准规定执行，当前已发布的包括《石油炼制工业污染物排放标准》（GB 31570—2015）、《石油化学工业污染物排放标准》（GB 31571—2015）、《合成树脂工业污染物排放标准》（GB 31572—2015），以及《制药工业大气污染物排放标准》（GB 37823—2019）、《涂料、油墨及胶粘剂工业大气污染物排放标准》（GB 37824—2019）、《铸造工业大气污染物排放标准》（GB 39726—2020）、《农药制造工业大气污染物排放标准》（GB 39727—2020）、《陆上石油天然气开采工业大气污染物排放标准》（GB 39728—2020）、《储油库大气污染物排放标准》（GB 20950—2020）、《油品运输大气污染物排放标准》（GB 20951—2020）、《加油站大气污染物排放标准》（GB 20952—2020）。

对行业污染物排放标准未规定无组织排放控制要求的，其 VOCs 有组织排放控制按相应排放标准规定执行，无组织排放控制应执行《挥发性有机物无组织排放控制标准》（GB 37822—2019）的规定，涉及的行业包括橡胶制品、合成革与人造革、焦化、轧钢等。

对没有行业专项污染物排放标准的，其 VOCs 有组织排放控制执行《大气污染物综合排放标准》（GB 16297—1996）的规定，无组织排放控制执行《挥发性有机物无组织排放控制标准》（GB 37822—2019）的规定。

有更严格地方排放标准要求的，应执行地方标准的规定。

（2）问：特殊情况不满足《挥发性有机物无组织排放控制标准》（GB 37822—2019）规定怎么办？

答：《挥发性有机物无组织排放控制标准》（GB 37822—2019）规定："因安全因素或特殊工艺要求不能满足本标准规定的 VOCs 无组织排放控

制要求，可采取其他等效污染控制措施，并向当地生态环境主管部门报告或依据排污许可证相关要求执行。"

《挥发性有机物无组织排放控制标准》（GB 37822—2019）中规定的密闭设备、密闭空间、局部气体收集等要求，有时因生产安全需要不能做到密闭（如一些化工类企业），有时因特殊工艺要求不能做到密闭或局部收集（如船舶合拢涂装等）时，标准中其他一些规定（如排气筒高度等）也有类似情况。鉴于《挥发性有机物无组织排放控制标准》（GB 37822—2019）为通用性标准，面对的生产实际情况千差万别，对于因安全需要或特殊工艺要求不能做到《挥发性有机物无组织排放控制标准》（GB 37822—2019）规定要求的，允许采取其他控制措施，实现同等的污染控制效果。

对于室外设备与管道防腐涂装等临时作业排放 VOCs 的，标准中未规定强制性收集要求，现场具备条件的，鼓励采取移动式废气收集方式。

（3）问：如何测量局部集气罩的控制风速？

答：对于局部集气罩（外部排风罩），控制风速测量执行《排风罩的分类及技术条件》（GB/T 16758—2008）、《局部排风设施控制风速检测与评估技术规范》（WS/T 757—2016，原编号 AQ/T 4274—2016）规定的方法。

测量位置：距排风罩开口面最远处的 VOCs 无组织排放位置（散发 VOCs 的位置）。在《局部排风设施控制风速检测与评估技术规范》（WS/T 757—2016）中给出了测量点示意图（图 2-3）。

（a）侧吸罩　　　　（b）上吸罩（伞形罩）　　　　（c）下吸罩

图 2-3　局部集气罩控制风速的测量点示意

测量仪器：《排风罩的分类及技术条件》（GB/T 16758—2008）明确采

用热电式风速仪（包括热球式、热线式），因控制风速低限为 0.3 m/s，故不采用转轮式风速仪（精度不满足测量要求）。

测量方法：根据《排风罩的分类及技术条件》（GB/T 16758—2008），在生产和通风系统正常运行时测量，将热电式风速仪的探头置于控制点处，测出此点的风速即为控制风速。

（4）问：为豁免处理效率要求，企业使用符合国家规定的低 VOCs 含量产品是什么？

答：对于涂料产品，执行《低挥发性有机化合物含量涂料产品技术要求》（GB/T 38597—2020）中水性涂料、无溶剂涂料、辐射固化涂料、粉末涂料的规定。

对于油墨产品，执行《油墨中可挥发性有机化合物含量的限值》（GB 38507—2020）中水性油墨、胶印油墨、能量固化油墨、雕刻凹印油墨的规定。

对于胶粘剂产品，执行《胶粘剂挥发性有机化合物限量》（GB 33372—2020）中水基型胶粘剂、本体型胶粘剂的规定。

对于清洗剂产品，执行《清洗剂挥发性有机化合物含量限值》（GB 38508—2020）中水基清洗剂、低 VOC 含量半水基清洗剂的规定。

（5）问：水性 VOCs 物料在认定 VOCs 含量时是否需要扣水？

答：水性涂料、油墨、胶粘剂、清洗剂等水性 VOCs 物料在认定 VOCs 含量时，执行产品标准规定的 VOCs 测量方法，扣水与否由测量方法决定。以涂料为例，在《低挥发性有机化合物含量涂料产品技术要求》（GB/T 38597—2020）中明确是指"施工状态"下的 VOCs 含量，且"水性涂料和水性辐射固化涂料均不考虑水的稀释比例"，因此在对涂料产品确定 VOCs 含量时，需在施工状态下扣除水分后进行，可避免企业通过兑入水分逃避监管的做法。

3.《制药工业大气污染物排放标准》(GB 37823—2019)、《农药制造工业大气污染物排放标准》(GB 39727—2020)、《涂料、油墨及胶粘剂工业大气污染物排放标准》(GB 37824—2019)

（1）问：企业厂界硫化氢、氨、臭气浓度是否还需要执行《恶臭污染物排放标准》(GB 14544—1993)，企业厂界非甲烷总烃是否还需要执行《大气污染物综合排放标准》(GB 16297—1996)？

答：依据《制药工业大气污染物排放标准》(GB 37823—2019)、《涂料、油墨及胶粘剂工业大气污染物排放标准》(GB 37824—2019)和《农药制造工业大气污染物排放标准》(GB 39727—2020)，基于风险管控原则，厂界仅规定了苯、甲醛、光气、氯气、氰化氢等高毒害污染物的监控浓度限值；对于硫化氢、氨、臭气浓度等恶臭污染物，根据国家环境标准体系设置原则，需要执行《恶臭污染物排放标准》(GB 14554—1993)；对于非甲烷总烃（NMHC），不再通过厂界进行管控，而是通过具体的措施性控制要求，提高无组织排放管理的有效性，厂界不需要执行《大气污染物综合排放标准》(GB 16297—1996)。

（2）问：设备在运行过程中是密闭的，但卸料过程是不密闭的，这种情况下是否要求这些设备必须在密闭空间内或采取局部气体收集措施？

答：以离心和干燥设备为例，对于离心后的物料以及中间体干燥后的物料，应进行检测确定 VOCs 质量占比；VOCs 质量占比≥10%的，应在密闭空间内进行操作或采取局部气体收集措施。对于原料药干燥后成为成品药的，卸料过程不需要采取 VOCs 废气收集措施。

4.《陆上石油天然气开采工业大气污染物排放标准》(GB 39728—2020)

（1）问：海洋石油天然气开采是否需要执行《陆上石油天然气开采工业大气污染物排放标准》(GB 39728—2020)？

答：滩海陆采油气田以及海上油气田陆岸终端的石油天然气开采活动应执行《陆上石油天然气开采工业大气污染物排放标准》(GB 39728—2020)的规定，但海上石油天然气开采活动不执行《陆上石油天然气开采工业大气污染物排放标准》（GB 39728—2020）。

（2）问：陆上石油天然气开采企业内的锅炉和加热炉执行什么标准？

答：陆上石油天然气开采企业内的锅炉执行《锅炉大气污染物排放标准》（GB 13271—2014）的规定，加热炉等其他工业炉窑执行《工业炉窑大气污染物排放标准》（GB 9078—1996）的规定。

有更严格地方排放标准要求的，应执行地方标准的规定。

5.《铸造工业大气污染物排放标准》（GB 39726—2020）

（1）问：造型、制芯、浇注工序排放的 VOCs 废气是否需要收集并进行处理？

答：《铸造工业大气污染物排放标准》（GB 39726—2020）是控制铸造行业大气污染物排放的基本要求。考虑到造型、制芯、浇注工序的 VOCs 排放量不大，《铸造工业大气污染物排放标准》（GB 39726—2020）仅对这些工序规定了颗粒物排放限值，没有规定 VOCs 排放限值。因此，上述工序的废气需要进行收集，但只需满足颗粒物排放限值即可。

有更严格地方排放标准要求的，应执行地方标准的规定。

（2）问：铸造企业厂界是否需要监测 VOCs？

答：对于厂界，基于风险管控原则，规定了铅及其化合物的浓度限值。对于非甲烷总烃（NMHC），不再通过厂界进行管控，而是通过具体的措施性控制要求，提高无组织排放管理的有效性，因此铸造企业厂界处不需要监测 VOCs。

6.《储油库大气污染物排放标准》（GB 20950—2020）

（1）问：油品储库是否都需要执行《储油库大气污染物排放标准》（GB 20950—2020）？

答：对于从事《国民经济行业分类》（GB/T 4754—2017）中 G5941 类的原油、成品油仓储服务的储油库，执行《储油库大气污染物排放标准》（GB 20950—2020）。陆上石油天然气开采企业、炼油厂、石化厂等生产企业内的油品罐区，应执行相应行业排放标准中关于储罐及转载设施等的规定。没有专项排放标准规定的其他油品储库，执行《挥发性有机物无组织排放控制标准》（GB 37822—2019）的规定。

（2）问：现有储油库如何执行油气处理装置处理效率？

答：现有储油库企业，2023年1月1日之前，油气处理装置处理效率按照《储油库大气污染物排放标准》（GB 20950—2007）中"附录B（规范性附录）处理装置油气排放检测方法"的规定进行监测、计算；2023年1月1日之后（具有万吨级及以上油品泊位的码头对应的现有储油库2024年1月1日之后），现有储油库企业应按照《固定污染源排气中颗粒物测定与气态污染物采样方法》（GB/T 16157—1996）、《固定源废气监测技术规范》（HJ/T 397—2007）等规定，在油气处理装置进出口安装采样孔，采用防爆型检测装置同步进行流量和浓度监测，计算油气处理装置处理后的排放量削减百分比（处理效率）。

7.《加油站大气污染物排放标准》（GB 20952—2020）

（1）问：加油站不同油品的油气排放控制应执行什么标准？

答：加油站在汽油（包括含醇汽油）卸油、储存、加油过程中的油气排放控制执行《加油站大气污染物排放标准》（GB 20952—2020）的规定，其中含醇汽油是指含有10%及以下乙醇燃料的汽油（E10）或含有30%及以下甲醇燃料的汽油（M30、M15等）。对于加油站柴油等其他油品，卸油、储存过程的油气排放控制执行《挥发性有机物无组织排放控制标准》（GB 37822—2019）的规定，加油过程加油枪不要求安装油气回收处理装置。

（2）问：如何实施加油站大气污染物排放标准？

答：对于新建加油站，自2021年4月1日起，执行《加油站大气污染物排放标准》（GB 20952—2020）规定的储油、卸油、加油油气排放控制要求。对于现有加油站，自2021年4月1日起，执行《加油站大气污染物排放标准》（GB 20952—2020）规定的卸油油气排放控制要求；自2022年1月1日起，执行《加油站大气污染物排放标准》（GB 20952—2020）规定的储油、加油油气排放控制要求。对于依法被确定为重点排污单位的加油站，自 2022 年 1 月 1 日起，应安装在线监测系统。

（3）问：加油站是否都要求安装油气处理装置？

答：加油站是否需要安装油气处理装置，由省级生态环境主管部门综合考虑加油站规模、年汽油销售量、加油站对周边环境影响、加油站挥发性有机物控制要求等因素进行确定。

8.《石油炼制工业污染物排放标准》（GB 31570—2015）、《石油化学工业污染物排放标准》（GB 31571—2015）

（1）问：废水中间储罐、焦化水储罐、浮渣罐和污泥池分别执行挥发性有机液体储罐污染控制要求还是废水控制要求？

答：废水中间储罐、焦化水储罐、浮渣罐和污泥池属于废水储存和处理设施，应执行《石油炼制工业污染物排放标准》（GB 31570—2015）、《石油化学工业污染物排放标准》（GB 31571—2015）中 5.4.3 条关于废水集输、储存和处理设施的规定。

（2）问：敞开液面废水的控制要求是什么？

答：石油炼制与石油化学工业废水的收集、储存与处理过程中敞开液面的控制要求应分别执行《石油炼制工业污染物排放标准》（GB 31570—2015）、《石油化学工业污染物排放标准》（GB 31571—2015）中 5.4.3 条的规定，不交叉执行《挥发性有机物无组织排放控制标准》（GB 37822—2019）标准。

第 3 部分

VOCs 废气收集与末端治理技术指南

一、废气收集

（一）控制要求

1. 排放控制标准

• VOCs 收集净化系统应满足《大气污染物综合排放标准》（GB 16297—1996）、《挥发性有机物无组织排放控制标准》（GB 37822—2019）的要求。

2. 行业技术标准

• 废气收集系统排风罩（集气罩）的设置应符合《排风罩的分类及技术条件》（GB/T 16758—2008）的规定。采用外部排风罩的，应按《排风罩的分类及技术条件》（GB/T 16758—2008）、《局部排风设施控制风速检测与评估技术规范》（WS/T 757—2016）规定的方法测量控制风速，测量点应选取在距排风罩开口面最远处的 VOCs 无组织排放位置，控制风速应不低于 0.3 m/s（行业相关规范有具体规定的，按相关规定执行）。

• 局部排风罩的设置应符合《排风罩的分类及技术条件》（GB/T 16758—2008）的规定，并执行《工业建筑供暖通风与空气调节设计规范》（GB 50019—2015）、《实用供热空调设计手册》。

• 喷漆室的控制风速要求应符合《涂装作业安全规程　喷漆室安全技术规定》（GB 14444—2006）、《涂装作业安全规程　涂层烘干室安全技术规定》（GB 14443—2007）。

- 通风柜的控制风速要求参照《排风柜》（JB/T 6412—1999）、《无风管自净型排风柜》（JG/T 385—2012）、《实验室变风量排风柜》（JG/T 222—2007）、《实用供热空调设计手册》。
- 局部排风罩的风速检测与评估参照《局部排风设施控制风速检测与评估技术规范》（WS/T 757—2016）。

说明：以上标准及规范中的风量计算、排风罩形式、风量检测等内容对 VOCs 废气收集具有指导作用，VOCs 控制风速要求不可取其规定的下限值，应严格执行《挥发性有机物无组织排放控制标准》（GB 37822—2019）。

（二）收集要求

本部分的 VOCs 废气净化系统是指风机、风管、风阀、风罩等，不包括末端治理设备。

1. 收集系统三大要素

（1）风机

常用的工业风机类型主要有离心式、轴流式。混流风机、斜流风机、排烟风机、风机箱等其他风机均为上述两种的派生。离心风机的进、出风气流方向成 90° 夹角，轴流风机的进、出风气流方向是同方向（图 3-1 和图 3-2）。VOCs 治理设施带净化设备的，应选用离心风机，不能采用轴流风机。轴流风机仅适用于大流量和较低压头的场合。

图 3-1　离心风机

图 3-2　轴流风机

风机的主要参数有风量（m^3/h）、风压（Pa）、转速（rpm）、功率（kW）、噪声［dB(A)］等。与国际标准单位不一致的参数，换算后使用。

两台同型号风机并联运行，其风量并非两台风机风量之和，经验显示至多达到两台风机风量之和的 80%。两台同型号风机串联运行，风量不增加，可增大风压；不同型号风机不宜串联使用，尤其是不同风量的风机不可串联使用。

（2）风管

常用的风管材质类别主要有金属风管、玻璃钢风管、塑料风管和软管，VOCs 收集系统以金属风管为主。金属风管常用的连接方式有焊接和法兰连接。金属风管采用法兰连接方式时，推荐使用角钢法兰、焊接法兰，不建议使用共板法兰。当腐蚀性物质和 VOCs 共有时，可采用玻璃钢风管、塑料风管；有移动要求时，可采用软管，且软管长度不宜过长，不能出现软管缠绕、弯折的情况，避免局部阻力过大，导致软管连接的外部排风罩排风量不足甚至无风。

VOCs 收集风管的断面风速推荐值如下：①不含尘风管：支管风速 5～6 m/s，主管风速 8～12 m/s；②粉尘和 VOCs 共有的风管：风速 14～23 m/s。如收集系统涉及有特殊要求的粉尘，则参照相关的行业及安全标准执行。

VOCs 废气收集系统的输送管道应密闭，其系统应在负压下运行，若处于正压状态，对输送管道组件的密封点进行泄漏检测。

（3）风阀

VOCs 收集系统常用的风阀类型有插板阀、蝶阀、多叶阀和防火阀等（图 3-3～图3-6）。其中，粉尘和 VOCs 共有的收集系统采用插板阀；通风等其他宜采用蝶阀；长边或直径大于 630 mm 的大截面风管采用多叶阀；穿越防火分区及必要处需安装防火阀。

对于应急排口，阀门泄漏率不应大于 0.5%，应处于常闭状态，要定期检查确保风阀开关动作的有效性；阀门宜采用电动或气动，具有信号输入功能，远端控制中心输出电信号使阀门动作，具有信号输出功能；反馈阀门状态信号到控制中心，阀门关闭到位才可输出阀门关闭的电信号。

图 3-3　蝶阀

图 3-4　插板阀

图 3-5　多叶阀

图 3-6　防火阀

2. VOCs 收集方式与控制风速要求

参照《排风罩的分类及技术条件》（GB/T 16758—2008）排风罩的分类，本部分所述的收集罩包括密闭罩、半密闭罩（含排风柜）、外部排风罩、接受式排风罩（以下简称接受罩），也包括具有同等收集功能的生产设备（如烘干隧道、涂布设备）和房间（如喷漆室、烘干室等）。

收集罩的设置原则既要满足正常生产时的 VOCs 收集，又不能妨碍非直接生产过程的加料、出料、维修等辅助操作。设置移动风罩的工位，移动频次不能超过 5 次 /h。

废气收集的重点是确定控制点及控制风速（图 3-7～图3-9）。相关定义包括：①控制点：指有害物放散直到耗尽最初能量，放散速度降低到环境中无规则气流速度大小时的位置。②控制风速：将控制点处有害的VOCs 物质吸入罩内所需的最小风速。③罩口风速：罩口处有效断面上的平均风速。④断面风速：开口断面上的平均风速。各种排风收集形式控制风速要求的考核重点见表 3-1。当测量断面风速时，测点布置可参照《通风与空调工程施工质量验收规范》（GB 50243—2016）附录 E《通风空调系统运行基本参数测定》的要求执行。

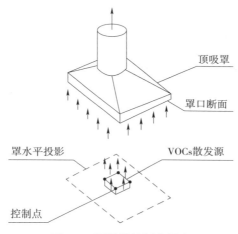

图 3-7　顶吸罩控制点示意

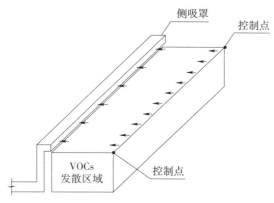

图 3-8　侧吸罩控制点示意

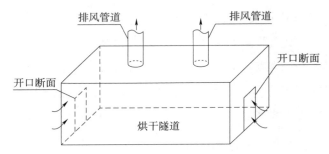

图 3-9   开口断面示意

表 3-1   各种形式排风罩风速要求

VOCs 收集形式	控制要素		建议风速	检测位置 （说明：圆点处为风速监控点处）
密闭罩	开口、缝隙的断面风速		0.4～0.6 m/s	
半密闭罩 （含排风柜）	开口断面风速	平均风速取值：半密闭罩开口没外部气流干扰的	0.4～0.6 m/s	
		有外部气流干扰的（放在室外）	1.2 m/s	

续表

VOCs 收集形式	控制要素	建议风速	检测位置（说明：圆点处为风速监控点处）
外部排风罩	控制点（距排风罩开口面最远处的 VOCs 无组织排放位置）的控制风速	0.3～0.5 m/s	
接受式排风罩	罩口断面风速	大于 0.5 m/s，且大于 VOCs 的散逸速度	
套接管	断面风速	≥2.0 m/s	

续表

VOCs收集形式	控制要素		建议风速	检测位置 （说明：圆点处为风速监控点处）
整体通风	门、窗、外墙百叶、进出口、补风口等常用开口断面风速有门朝向外界	开口处采用双重门＋门斗	0.4～0.6 m/s	
			1.2 m/s	
喷漆室	喷漆室开口断面风速	机器人喷漆	0.4～0.6 m/s	
	喷漆室开口断面风速	手工喷漆	0.4～0.6 m/s	
通过式烘干室	进出口的断面风速		0.5～1.0 m/s	

（1）密闭罩

对于各类收集排风罩，很少存在完全意义上的密闭，或多或少地存在开孔或缝隙，密闭罩开口、缝隙的断面控制风速取 0.4～0.6 m/s。图 3-10 所示为典型的散发 VOCs 的废水收集池。废水收集池顶部加盖，整体构成一个密闭罩。盖板的缝隙、人孔的孔口缝隙为该密闭罩的开口断面。

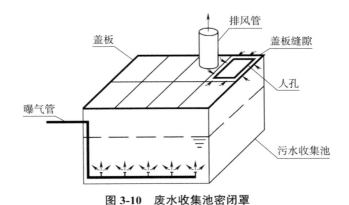

图 3-10　废水收集池密闭罩

（2）半密闭罩

半密闭罩是密闭罩的一种特殊形式，具有可操作的开口面（图 3-11）。对于操作口平均风速，开口无外部气流干扰时取 0.4～0.6 m/s；放在室外或有干扰气流时取 1.2 m/s。

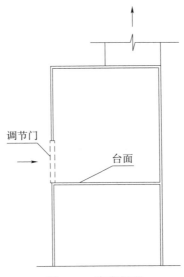

图 3-11　半密闭罩

（3）外部排风罩

用于 VOCs 收集的外部排风罩一般分为顶吸罩和侧吸罩。外部排风罩的设置应尽量靠近 VOCs 散发源。外部排风罩的控制点为距排风罩开口面最远处的 VOCs 无组织排放位置，控制风速取 0.3～0.5 m/s。当室内空气流动小或有利于捕集时，控制风速取下限；当室内有扰动气流或连续生产产量高时，控制风速取上限。

①顶吸罩

顶吸罩宜与 VOCs 散发源形状相似，并完全覆盖散发源。顶吸罩应设裙边，当边长较长时，可分段设置。罩口平均风速取值见表 3-2。

表 3-2 罩口平均风速取值

收集罩敞开情况	一边敞开	两边敞开	三边敞开	四边敞开
罩口平均风速 /（m/s）	0.5～0.7	0.75～0.9	0.9～1.05	1.05～1.25

②侧吸罩

侧吸罩的形状应适应 VOCs 的排出，其罩口长度不应小于 VOCs 扩散区的长度（图 3-12）。当扩散区较宽时，侧吸罩应分成两个或多个设置。排风罩应尽量靠近 VOCs 散发点，侧吸罩与 VOCs 散发源的距离不宜大于 800 mm。排风罩的设置应避免横向气流干扰。

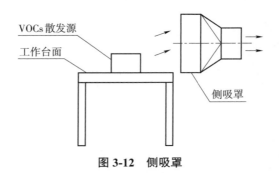

图 3-12 侧吸罩

（4）接受罩

接受罩是外部排风罩的一种特殊形式，接受罩适用于散发的 VOCs 具有固定方向的运动流向（如热源上部的热射流）（图 3-13）。VOCs 散发源在没有外部排风罩作用时，风速可能已大于 0.3 m/s 的控制要求，考核控制点风速意义不大。接受罩设置时罩口应迎着 VOCs 来流方向，使气流直接进入罩内。接受罩口风速应大于 0.5 m/s，并大于 VOCs 的散逸速度。

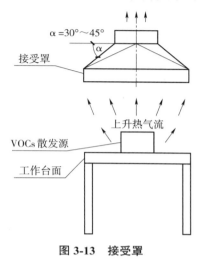

图 3-13　接受罩

（5）套接管

对于安全、压力敏感度高的储罐或装置的排口，采用非直连的泄压套接管。呼吸口套接如图 3-14 所示，套接管与装置排口之间不密闭，不密闭面积是套接管与排口断面面积的差，断面风速取 2.0 m/s。

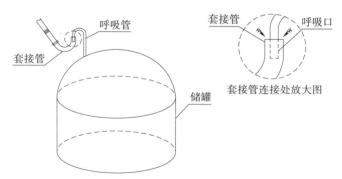

图 3-14　呼吸口套接示意图

（6）整体通风

当 VOCs 发生源分散或不固定而无法采用局部排风，或者设置局部排风仍难以对 VOCs 有效收集时，需要设置整体通风（图 3-15）。整体通风的控制点为门、窗、外墙百叶、进出口、补风口等常用开口。房间对外开口处保持负压。整体通风的开口平均风速，采用双重门＋门斗，取值 0.4～0.6 m/s；有门朝向外界，取值为 1.2 m/s。

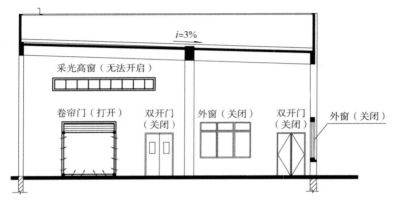

图 3-15　整体通风示意

（7）喷漆室

喷漆室送排风采用上送下排式、侧送侧排式，其控制点为喷漆室断面。控制风速要求参考《涂装作业安全规程　喷漆室安全技术规定》（GB 14444—2006）（表 3-3）。实际应用可简化为：①手工操作的断面控制风速取 0.4～0.6 m/s。②机器人操作的断面控制风速取 0.2～0.4 m/s。③调漆吸罩的罩口控制风速取 0.5～2 m/s。

对于有送风系统的喷漆室来说，送风量应小于排风量，风量差值应满足开口断面风速 0.4～0.6m/s 的要求，确保对 VOCs 有效收集。

对于工件有较高涂装质量要求的喷漆室，为防止灰尘等进入，喷漆室一般设计成正压。对于 VOCs 的无组织排放控制，应如图 3-16 所示设置缓冲区，喷漆室相对于缓冲区为正压，缓冲区相对于生产车间为负压，缓冲区对外开口断面风速为 0.4～0.6 m/s。通过设置压力梯度，既保证无灰尘等进入喷漆室，也保证缓冲区的 VOCs 气体不会向外部散逸。散发 VOCs 的洁净车间，也可以采用类似的设计，其平衡阀应将气流导流至缓冲区。

表 3-3　喷漆室的控制风速

操作条件（工件完全在室内）	干扰气流 /（m/s）	类型	控制风速 /（m/s）	
			设计值	范围
静电喷漆或自动无空气喷漆（室内无人）	忽略不计	大型喷漆室	0.25	0.25～0.38
		中小型喷漆室	0.50	0.38～0.67
手动喷漆	≤0.25	大型喷漆室	0.50	0.38～0.67
		中小型喷漆室	0.75	0.67～0.89
手动喷漆	≤0.50	大型喷漆室	0.75	0.67～0.89
		中小型喷漆室	1.00	0.77～1.30

注：大型喷漆室一般为完全封闭的围护结构体，作业人员在室体内操作，同时设置机械送排风系统；中小型喷漆室一般为半封闭的围护结构体，作业人员面对敞开口在室体外操作，仅设排风系统。

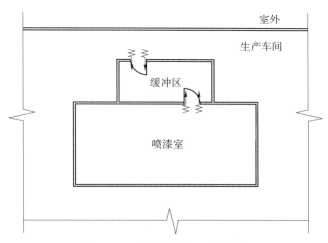

图 3-16　喷漆室缓冲区设置示意

（8）通过式烘干室

通过式烘干室的控制点为进出口的断面，控制风速为 0.5～1.0 m/s。

3. 提高 VOCs 收集效率的参数选择

风机参数选择如下：①风机风量取值为系统设计风量的 1.1～1.2 倍，末端治理设备或系统漏风率大时取上限值，漏风率小时取下限值。②风机全压取值为系统设计阻力的 1.2 倍，系统阻力按照系统最不利点（管道最远点、末端治理设备最大阻力工况）进行计算。

　　风机选型时应结合 VOCs 处理系统的输送介质特点。常用的特殊类型包括防爆风机、防腐风机和耐高温风机等，分别适用于输送有爆炸危险性、有腐蚀性或潮湿气体以及高温的 VOCs 废气。一般地，按照通用的风机命名方式，风机常用用途代码含义为：防腐型风机铭牌标识为 F（如 F4-79）；防爆型风机铭牌标识为 B（如 B4-79）。

　　实际工程中，风机铭牌标识的风量不一定是实际运行的风量，风量或监测风量应该以计算风量为准。监测风量取用时应该判断监测的可信度，包括监测口位置、工况或标况的转换等。系统风量的确定需根据各个排风罩的形式、与 VOCs 散发源的距离等确定每个排风点的风量，对每个排风点的风量进行叠加，得到系统总风量。废气收集的管路系统宜设置用于调节风量平衡的调试阀门。局部排风的支管路与全室排风的百叶风口不宜在同一管路进行汇集（图 3-17），可避免万向吸风罩等阻力较大的局部排风点位出现排风风量不足现象。

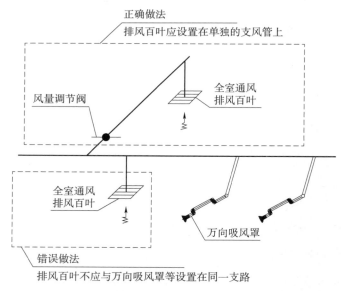

图 3-17　全室排风与局部排风的相对位置示意

（三）收集保障

1. 使用前调试

VOCs 净化系统安装完毕，在投入使用前，需对 VOCs 收集系统进行调试以确保各点位达到设计排风量。调试的时候，需对调整后的阀门进行刻度标识。日常使用中，应定期进行系统调试，建议调试周期为一年一次。

每个收集罩的罩口风速、开口断面风速通过检测，不偏离控制风速要求，并具有均匀性。采用多联罩、楔形罩，在罩内设置导流板等措施，可提高罩口风速、开口断面风速的均匀性（图 3-18、图 3-19）。

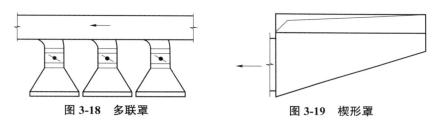

图 3-18　多联罩　　　　　　　图 3-19　楔形罩

2. 提高控制风速

提高断面风速、罩口风速或系统排风量，可以提高 VOCs 的收集效率，断面风速、罩口风速可取上限，但不宜超过上限值。风速增加太多，会造成更多物料随着排风损失，增加环境负荷；排风量增加直接增大了排风系统的规模，也对末端治理设备提出了更大处理能力的要求，不能在有效收集的同时做到经济性。

3. 优化排风罩

排风罩对 VOCs 的收集效率排序为：密闭罩、半密闭罩、接受罩、外部排风罩。整体通风由于涉及职业卫生和安全要求，不在此排序中。结合实际工程现状，最适合采用半密闭罩。在收集设计中，应尽可能将各种复杂情况转化成半密闭罩。

对于外部排风罩，使用软帘、软罩、挡板，使排风罩延长无限接近 VOCs 散发源，可提高废气收集效果。使用塑料材质的软帘、软罩应选择阻燃防静电型。其中，软帘如图 3-20 所示。

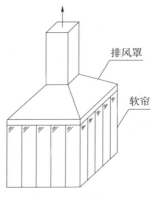

图 3-20　软帘示意

灵活结合设备的开启形式设置风量可调的排风罩。例如，对于加料过程不连续的分散缸、搅拌罐，打开翻盖时，需要较大的风量；关闭翻盖时，仅需要较小的风量即可维持微负压。采用风量可调的末端收集方式，可在末端风管上设置风阀，风阀与翻盖连锁，打开翻盖时，风量自动调节变大，关闭翻盖时，风量自动调节变小。分散缸风景可调的吸风口如图 3-21 所示。

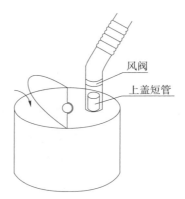

图 3-21　风量可调的吸风口（分散缸）

4. 防止气流干扰

排风罩的设置应避免气流干扰，易产生干扰气流的因素有风扇、外窗、外门、频繁开启的内门等。上述因素产生的干扰气流流速往往远大于控制点风速，易将 VOCs 吹离排风罩控制范围。

为防止干扰气流影响，整体通风宜设置缓冲区，采用双层门 + 门斗的形式（图 3-22）。

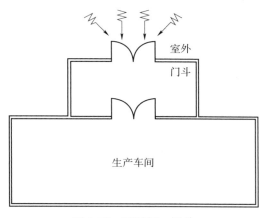

图 3-22 　 双重门 + 门斗

二、末端治理

（一）技术适用范围

我国 VOCs 末端治理技术众多，主要包括水喷淋、静电除油等预处理技术，吸附、燃烧、吸收、冷凝及其组合治理技术等。不同技术的适用范围不一致，其对废气组分及浓度、温度、湿度、风量等因素有不同要求，因此在判断企业选用的技术是否适用时，需从多方面进行考虑。

对于主流末端治理技术适用范围（图 3-23）和优缺点（表 3-4），吸附法包括再生式和抛弃式，其适用于中低风量，温度低于 50℃，浓度小于 5 000 mg/m^3 的 VOCs。燃烧法包括直接燃烧、催化燃烧、热力燃烧、蓄热燃烧，其适用于小风量、高浓度、高热值的 VOCs，浓度可达 1 000～15 000 mg/m^3。吸附浓缩（固定床或沸石转轮吸附）+销毁法适合于低浓度、大风量 VOCs 的治理，浓缩后采用催化燃烧或高温焚烧工艺进行销毁。冷凝法适用于高浓度 VOCs（＞10 000 mg/m^3），温度低于 100℃，可回收有机溶剂。生物法适用于低浓度的 VOCs（通常为小于 2 000 mg/m^3），对于水溶性高的 VOCs，可采用生物滴滤法和生物洗涤法，水溶性稍低的可采用生物滤床。

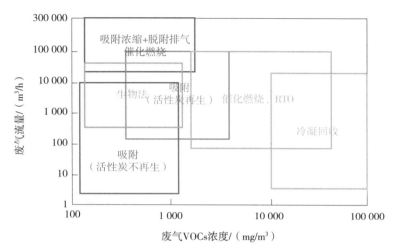

图 3-23　VOCs 治理技术适用范围（浓度、风量）

（二）设施运行维护

1. 基本要求

（1）VOCs 治理设施应在生产设施启动前开机，在治理设施达到正常运行状态之前不得开启生产设施；治理设施在生产设施运营全过程（包括启动、停车、维护等）应保持正常运行，在生产设施停车后且将生产设施或自身存积的气态污染物全部进行净化处理后才可停机。

（2）企业应明确 VOCs 治理设施关键固定参数设计值和正常运行时操作参数指标范围限值，通过检查这类指标是否正常且稳定，用以判断设施是否正常运行。

（3）定期检查 VOCs 治理设施状况，包括设备运行效果、技术参数指标、设备管道安全、设备壳体、内部、零部件、仪表、阀门、风机等方面。可采用感官判断（目视、鼻嗅、耳闻），现场仪表指示值读取和信息资料收集，量具和便携式检测仪现场测量，现场采样实验室分析等方法。

表 3-4　常见 VOCs 控制技术之优缺点比较

控制技术装备		优点	缺点	适用范围与受限范围
吸附技术	固定床吸附系统	1. 初设成本低； 2. 能源需求低； 3. 适合多种污染物； 4. 臭味去除有很高的效率	1. 操作时间短，更换频繁； 2. 有火灾危险	适用于生产和使用溶剂型和水性涂料的企业，如生产卷钢、电子、机械、汽车、家具、包装印刷、涂料、油墨及胶粘剂的企业等低浓度（≤1 000 mg/m³）的废气处理。 不适合高浓度、含颗粒物状、湿度大的废气，对废气预处理要求高；此外，对苯类、苯乙烯等气体吸附较差
	旋转式（转轮、转筒）吸附系统	1. 结构紧凑，占地面积小； 2. 操作简单，可连续操作，运行稳定； 3. 单位床层阻力小； 4. 脱附后废气浓度浮动范围小	1. 运行能耗高； 2. 对密封件要求高，设备制造难度大，成本高； 3. 无法独立完全处理废气，需要配备其他废气处理装置； 4. 吸附剂装填空隙小	适用于低浓度（≤5 000 mg/m³），大风量（≤100 000 m³/h）的废气处理，如生产卷钢、船舶、汽车、家具、包装印刷、机械、电子、涂料、油墨及胶粘剂等生产或使用溶剂型涂料和水性涂料的行业； 不适合含颗粒物状废气，对废气预处理要求高
燃烧技术	TO	1. 污染物适合范围广； 2. 处理效率高（可达 90% 以上）； 3. 设备简单	1. 对低浓度废气，燃料成本高； 2. 操作温度及成本高； 3. 可能有 NO_x、CO 问题产生	适用于化工、工业涂装等行业中高浓度、不具有回收价值 VOCs 的治理，如涂料、油墨及胶粘剂制造业、汽车制造和集装箱制造等； 不适合含氮、硫、卤素等化合物的治理

续表

控制技术装备		优点	缺点	适用范围与受限范围
燃烧技术	CO	1. 操作温度较直接燃烧低; 2. 相较于TO,燃料消耗量少; 3. 处理效率高可达(90%以上)	1. 催化剂阻塞、烧结、中毒、破损及活性衰退; 2. 对某些污染物成分及浓度有所限制	适用于中浓度(数千 mg/m³ 范围),无回收价值的 VOCs 治理,如包装印刷、家具制造等; 不适合含有硫、卤素等化合物
	RTO	1. 高热回收效率(>90%); 2. 可处理较高进口温度; 3. 可处理含卤素碳氢化合物; 4. 高去除效率	1. 陶瓷床压损大且易阻塞; 2. 低 VOCs 浓度时费用高; 3. NO_x 问题需注意; 4. 热机/冷却时间长(12~24 h); 5. 需定期清除氧化室	适用于中高浓度、不具有回收价值 VOCs 的治理,如装箱制造、汽车制造、家具制造等; 不适合易聚化合物(苯乙烯等)、硅烷类化合物、含氮化合物等
	RCO	1. 操作成本较 RTO 低; 2. 设备体积较 RTO 小; 3. 高去除率(95%~99%)及热回收率(>90%)	1. 催化剂成本高且有废弃催化剂处理问题; 2. 催化剂阻塞、烧结、中毒、破损及活性衰退	适用于中高浓度废气治理,如化工、工业涂装、包装印刷等行业; 不适合处理易自聚、易反应类物质(苯乙烯),不适合处理硅烷类及含氮化合物
冷凝技术	管壳式冷凝器、板面式冷凝器	1. 设备及操作简单; 2. 回收的物质纯净; 3. 投资及运行费用低	1. 净化效率不高; 2. 设备较庞大; 3. 净化后不能达标,需设后处理工艺	适用于高浓度(≥10 000 mg/m³),中低风量,具有回收价值的 VOCs 治理,主要应用于医药制药、炼油与石油化工类行业

VOCs
挥发性有机物治理实用手册(第二版)

续表

控制技术装备		优点	缺点	适用范围与受限范围
	沸石浓缩转轮+TO/RTO	1. 去除效率高(1 000 mg/m³以下); 2. 高浓缩比(5~30); 3. 燃料费较省; 4. 高处理效益	1. 含高沸点物时,转轮需定期水洗再生(废水处理问题),还含有蓄热材料堵塞问题; 2. 浓度较高时及操作处理不当时,有潜在的着火危险,需加装保护措施(N₂及消防水自动喷洒); 3. 转轮寿命3~5年(高沸点成分脱附困难); 4. 系统压力变动大; 5. 燃料费用高	适用于如汽车制造行业企业等产生低浓度废气量大(≥100 000 m³/h)且浓度低的企业
其他组合技术	活性炭+CO	1. 一次性投资费用低; 2. 浓缩比可达10:1; 3. 能耗低; 4. 处理风量大; 5. 净化效率高,≥90%	1. 活性炭和催化剂需定期更换; 2. 粉尘量大于0.3 mg/Nm³时需要除尘; 3. 不适合处理有机物浓度高于1g/Nm³的废气	适用于低浓度(≤1 000 mg/m³)的废气处理; 不适合高浓度、含颗粒物状、湿度大的废气;不适合处理含高沸点物质、硫化物、卤素、重金属、油雾、强酸或碱性的废气
	冷凝+吸附	1. 回收率高,回收物纯度高,经济效益高; 2. 低温下吸附处理VOCs气体,安全性高	1. 单一冷凝要达标需要到很低的温度,耗电量较大,日常维护需专业的人员; 2. 净化程度受冷凝温度限制,运行成本高; 3. 需要有附设的冷冻设备,投资大,能耗高,运行费用大; 4. 占地空间较大,吸附剂需定期更换	适用于高沸点、高浓度VOCs治理,如炼油、石油化工、其他化学工业行业以及合成材料行业的企业

续表

控制技术装备		优点	缺点	适用范围与受限范围
吸收技术	填料塔、涡球塔、板式塔	1. 运行温度、操作管理方便； 2. 流程简单，运行费用低； 3. 净化效率高	1. 吸收后处理费用大； 2. 选择性差； 3. 易产生二次污染； 4. 柴油、汽油等吸收剂存在安全隐患	适用于溶解性较高的 VOCs 治理，如石油化工、表面涂装、包装印刷，医药及电子行业类企业
喷淋技术	水喷淋、酸性喷淋、碱性喷淋、其他药剂喷淋	1. 结构简单，成本低； 2. 对特定气体去除效率高； 3. 不受高沸点物质影响； 4. 无须高温操作，危险性低； 5. 无废气耗材处理问题	1. 净化效率低，消耗吸收剂，易形成二次污染； 2. 需要及时补充喷淋液，运行费用和废水处理成本增加； 3. 易阻塞及腐蚀； 4. 去除对象单一，仅适用于特定的废气处理	适用于低浓度、水溶解性较高的 VOCs（如醇类化合物）治理，如电子工业、制药行业、医药以及纸皮和塑胶印刷等
静电除油	高压静电除油模块	1. 高压电场可产生 O₃，具有除臭功能； 2. 能耗低，运行费用低； 3. 压降较小、噪声低； 4. 设备紧凑、占地面积小	1. 集尘极上油烟冷凝物黏度较高，阻得电场放电，导致净化效率下降； 2. 安全性差，易着火； 3. 前期投资费用较高	主要应用于化纤、炼油、采油、炼化、油漆行业等一系列生产过程中产生含油废气企业
生物技术	生物滤床、生物滴滤塔、生物洗涤塔等	1. 设备及操作成本低； 2. 可脱除臭气	1. 不适合处理高浓度或含硫、氮、卤素化合物； 2. pH 不易控制在理想范围内； 3. 占地面积大，滞留时间长，单位体积的去除效率低	适用于水溶性高、中等风量、较低浓度 VOCs 废气，对恶臭异味去除效果较好，表面处理、印刷、包装、家具、如鞋材、喷涂、油漆、制药等； 不适合处理高浓度废气处理

（4）根据检查结果适时开展治理设施维护保养，维护保养工作不宜在运行期间进行，包括但不限于及时更换失效的净化材料，尽快修复密封点的泄漏以及损坏部件，按期更换润滑油及易耗件，定期清理设备和设施内的粘附物和存积物并对外表面进行养护。

基础检查内容如表 3-5 所示。

表 3-5　基础检查内容

检查内容	检查要点	相关说明
治理效率	设备进出口浓度	判断设备运行是否正常、是否达到设计要求、是否达标排放
污染物排放	设施周边气味状况	气味大，说明密闭性差
	旁路偷排情况	可能出现进出口风量（标准状态下）不一致、气味大等情况
	二次污染物情况	燃烧等技术容易造成氮氧化物、二氧化硫等二次污染；吸收塔、洗涤塔等设备会产生废水
	排气筒排气情况	根据设备运行情况，排气筒排气是否有颜色、携带液滴和颗粒物等判断，颜色越深、携带量越大，处理效果越差
设备壳体、内部、零部件、仪表、阀门、风机等	排风调节阀开启位置	根据阀体位置变动情况判断；阀体位置不固定或无规则变动，处理风量波动大
	风机、泵、阀门运行情况	风机有无异常声音、震动，叶轮是否锈蚀、磨损、物料粘附，风机转向是否逆反，电机及轴承座的温度是否正常；泵体有无漏液、流量和扬程是否正常；阀门有无泄漏
	风机、阀门保养情况	风机、阀门是否及时加注机油
	仪表是否正常	仪表是否故障，设备自控设计是否失效；压力计、温度计、流量计、pH 计是否故障，是否定期校准
	设备连接/密封处缝隙状况	设备是否存在可见缝隙、是否存在漏风情况

续表

检查内容	检查要点	相关说明
设备壳体、内部、零部件、仪表、阀门、风机等	设备壳体、管道、法兰或内部异常情况	设备壳体、管道、法兰或内部是否发生变形、脱落、损坏、锈蚀、结垢；可能导致逸散严重，净化效果差等问题，活性炭蒸汽脱附凝结液、溶剂回收液、含酸根的燃烧产物均可具腐蚀性，对设备本体或下游管道、部件造成锈蚀
	螺栓紧固件异常情况	螺栓紧固件有无松动、腐蚀、变形
	防腐内衬异常情况	防腐内衬有无针孔、裂纹、鼓泡和剥离
	绝热材料异常情况	绝热材料有无变形、脱落
	隔振 / 隔声材料异常情况	隔振 / 隔声材料有无变形、脱落
	设备及管道内杂质沉积	有无粉尘等物质沉积，沉积物过多，说明日常清理维护少，可能影响设备正常运行
设备管道安全	爆炸下限	有机废气入口浓度必须远低于爆炸下限（一般低于爆炸下限的 25%）
	非电气设备防爆	应对设备及零部件进行危险分析，形成评价报告，需特别注意由设备形成的潜在点燃源，如热表面、静电放电、粉尘自燃等，防止爆炸
	设备防护及标识	护栏等是否锈蚀；是否设置气流走向、阀门开关方向、电源开关等标识；是否按要求设置警示牌或警示标识；是否设置排放口标志牌；是否有详细的设备操作规范；燃烧设备表面温度是否低于 60℃
设备所处环境	设备区域所处环境条件	是否积水，长时间积水可能导致潮气腐蚀设备；环境温度是否过高，影响设备正常运行等

（5）非正常工况要求

• 做好非正常工况记录，记录频次为 1 次 / 非正常情况期。记录内容应包括设备异常起止时间、污染物排放情况、事件原因、处理、维修、整改情况等方面的内容。主要内容与具体指标如表 3-6 所示。

表 3-6　非正常工况及异常情况记录

序号	主要内容	具体指标
1	设备异常起止时间	异常开始时刻
2		异常停止时刻
3	污染物排放情况	污染物名称
4		排放浓度
5		排放量
6	事件原因	—
7	是否向当地生态环境主管部门报告	—
8	处理、维修、整改情况	—

2. 设施运行维护要求

（1）吸附装置

a. 吸附剂应符合国家有关标准，并有由国家相应检验机构出具的质量检验合格证书，各类吸附剂具体要求如下：

①吸附与再生要求。

（a）煤质颗粒活性炭

• 采用煤质颗粒活性炭时，其碘值不宜低于 800 mg/g，气体流速宜低于 0.60 m/s；当采用移动床和流化床吸附装置，吸附层的气体流速应根据吸附剂的用量、粒度和体密度等确定。

• 当对煤质颗粒活性炭再生时，相关性能应满足《煤质颗粒活性炭　净化水用煤质颗料活性炭》（GB/T 7701.2—2008）的要求，其中，降压解吸再生的水蒸气的温度应低于 140℃；热气流吹扫再生的热气流温度应低于 120℃。

（b）蜂窝活性炭

• 采用蜂窝活性炭时，其碘值不宜低于 650 mg/g，气体流速宜低于 1.20 m/s。

• 当使用水蒸气再生时，水蒸气的温度宜低于 140℃；当使用热空气再生时，热气流温度应低于 120℃。

（c）活性炭纤维毡

• 采用纤维状吸附剂（活性炭纤维毡）时，其比表面积不低于 1 100 m²/g（BET 法），气体流速宜低于 0.15 m/s。

• 当使用水蒸气再生时，水蒸气的温度宜低于 140℃；当使用热空气再生时，热气流温度应低于 120℃。

（d）蜂窝分子筛

• 采用蜂窝分子筛时，气体流速宜低于 1.20 m/s。

• 当使用水蒸气再生时，水蒸气的温度宜低于 140℃；当使用热空气再生时，热气流温度应低于 200℃。

②吸附剂使用量应根据废气处理量、污染物浓度和吸附剂的动态吸附量确定；活性炭更换周期（T，单位：d），计算方法如下：

$$T = \frac{M \times S \times 10^6}{C \times Q \times t}$$

式中：M——活性炭质量，kg；

　　　S——平衡保持量，%（在 20℃，101.3 kPa 时乙醛的平衡保持量 S 为 7%，乙基醋酸的平衡保持量 S 为 19%，己烷的平衡保持量 S 为 16%，甲苯的平衡保持量 S 为 29%，苯的平衡保持量 S 为 23%，非甲烷总烃保持量 S 平均为 15%）；

　　　Q——风量，m³/h；

　　　C——进口 VOCs 浓度，mg/m³；

　　　t——吸附设备每日运行时间，h /d。

③吸附装置净化效率不低于 90%。

④对于一次性吸附工艺，当排气浓度不能满足设计或排放要求时应更换吸附剂；对于可再生工艺，应定期对吸附剂动态吸附量进行检测，当动态吸附量降低至设计值的 80% 时宜更换吸附剂。

⑤含有酮类等易燃气体时，不得采用热空气再生。脱附后气流中有机

物的浓度应严格控制在其爆炸极限下限的 25% 以下。高温再生后的吸附剂应降温后使用。

⑥吸附剂的吸附和脱附再生工艺应不产生二次污染。

b. 运行维护及台账记录要求。

①吸附装置运行维护要求见表 3-7。

表 3-7　吸附装置运行维护要求

检查内容	检查要点	相关说明
设备内部、零部件情况	吸附床堵塞情况/短路	吸附床堵塞或短路，吸附效率降低
	吸附床内部情况	吸附床内部是否积水、积尘、底座破损吸附材料表面是否覆盖粉尘或漆雾
	转轮驱动马达	是否发生异常的发热、噪声、震动、漏油等情况
	转轮驱动链	开裂、摩擦等现象可能会导致运转突然中断
固定参数是否符合要求	吸附床装填高/厚度	高/厚度缺落，吸附效果差
操作参数是否正常、稳定	吸附温度和湿度	活性炭、活性炭纤维和分子筛等一般在 40℃ 以下吸附效果好，湿度不高于 70%；温度高、湿度大，吸附效果差
	吸附周期	吸附周期较设计值长，吸附效果变差
	停留时间	吸附停留时间应满足设计要求
	吸附流程压差	流程压差低或为 0，可能存在吸附床短路等问题；流程压差非常大，可能存在局部堵塞等问题
	脱附周期	脱附周期（脱附时间）较设计值短，脱附效果差，吸附容量少
	蒸汽/真空脱附压力和温度	蒸汽压力和温度低，脱附效果差，后续吸附容量少；真空度低，脱附效果差，后续吸附容量少
	热气体脱附温度	（1）脱附温度低，脱附率低，吸附容量少，但温度过高（热空气流脱附时活性炭超过 120℃，分子筛超过 200℃）存在安全隐患；（2）转轮/转筒吸附器脱附温度高，相邻吸附区受热，吸附容量少

续表

检查内容	检查要点	相关说明
操作参数是否正常、稳定	脱附流程压差	脱附流程压差低，脱附风量小，脱附率低，吸附容量少
	转轮浓缩比	浓缩比是指吸附区和脱附区风量比，一般为5~30。降低浓缩倍率可以增大转轮处理效率，但由此导致的脱附风量增大会使得后续燃烧时燃料的消耗量增大
	转轮/转筒吸附床转速	转速过低，吸附周期长，吸附效果差；转速过高，脱附周期短，脱附率低，吸附容量少；转速一般为2~6 r/h
吸附剂更换周期及更换量	吸附剂更换时间、更换量	更换时间较设计吸附周期延后，吸附效果变差或失效；更换量少于设计填充量，实际吸附周期会短于设计吸附周期
有机溶剂回收量	溶剂回收量	回收量变少，吸附、冷凝、分离性能变差

②台账记录要求。

企业应建立治理工程运行状况、设施维护等的记录制度，主要记录内容包括：

• 治理装置的启动、停止时间。

• 吸附剂、过滤材料等的质量分析数据、采购量、使用量及更换时间。

• 治理装置运行工艺控制参数，包括治理设备进、出口浓度和吸附装置内温度、吸附剂更换时间与更换量、吸附周期和脱附周期、溶剂回收量等。

• 主要设备维修情况。

• 运行事故及维修情况。

• 定期检验、评价及评估情况。

• 吸附回收工艺中污水排放、副产物处置情况。

③做好活性炭更换、维护、保养记录，建立管理台账，相关记录至少保存3年，现场保留不少于1个月的台账记录。

④涉及 DCS 系统的，还应记录 DCS 曲线图。DCS 曲线图应按不同污染物分别记录，至少包括污染物进出口浓度等。

（2）燃烧装置

a. 关键参数

①直燃式废气燃烧装置（TO）

• 废气燃烧温度应控制在 680～820℃。

• 当废气中有害物质浓度≤3 000 mg/m³ 时，应依靠辅助燃料提供热量（天然气、液化石油气、电、生物质燃料等），使废气中可燃物质达到起燃温度而分解。

• 有机溶剂蒸汽混合气体浓度接近爆炸极限值时，需先采取稀释措施，补充氧气后再进入焚化炉。

②催化燃烧装置（CO）

（a）预处理

• 进入催化燃烧装置前废气中的颗粒物含量高于 10 mg/m³ 时，应采用过滤等方式进行预处理。

• 过滤装置两端应装设压差计，当过滤器的阻力超过规定值时应及时清理或更换过滤材料。

• 当废气中有机物浓度较高时，应采用稀释等方式调节至满足要求。

（b）催化燃烧

• 催化燃烧在实际使用过程中，应根据 VOCs 种类不同，选择不同的催化剂并控制相应的反应温度。在实际使用中温度应控制在 300～350℃。

• VOCs 氧化催化剂应有质量检验部门出具的合格证明，并符合《工业有机废气催化净化装置》（HJ/T 389—2007）中关于催化剂性能的规定；催化剂的工作温度应低于 700℃，并能承受 900℃短时间高温冲击。

• 催化燃烧装置的设计空速宜为 10 000～40 000 h⁻¹。

• 治理后产生的高温烟气宜进行热能回收。

（c）二次污染控制

当催化燃烧后产生二次污染物时应采取吸收等方法进行处理后达标排放。

③蓄热热力燃烧装置（RTO）

（a）预处理

- 当废气中含有酸、碱类气体时，宜采用中和吸收等工艺进行预处理。

- 当废气中的颗粒物含量高于 10 mg/m³ 时，应采用过滤、洗涤、静电捕集等方式进行预处理。

- 过滤装置两端应装设压差计，当过滤器的阻力超过规定值时应及时清理或更换过滤材料。

（b）燃烧室

- 废气在燃烧室的停留时间一般不宜低于 0.75 s。

- 燃烧室燃烧温度一般应高于 760℃。

（c）蓄热室

- 截面风速不应大于 2 m/s。

- 当废气含有有机硅时，应对蓄热体采取保护措施，避免或减缓蓄热体堵塞和性能下降。

（d）燃烧器

- 辅助燃料应优先选用天然气、液化石油气等燃料。

- 燃烧器应具备温度自动调节的功能，应符合《工业燃油燃气燃烧器通用技术条件》（GB/T 19839—2005）的规定。

- 优先选用低氮燃烧器。

（e）工艺系统整体要求

- 固定式蓄热燃烧装置换向阀换向时间宜为 60～180 s，旋转式蓄热燃烧装置气体分配器换向时间宜为 30～120 s。

- 蓄热燃烧装置进出口气体温差不宜大于 60℃。

- 蓄热燃烧装置应进行整体内保温，外表面温度不应高于 60℃，部分热点除外。

- 环境温度较低或废气湿度较大时宜采取保温、伴热等防凝结措施。
- 蓄热燃烧装置应具有反烧和吹扫功能。

（f）后处理

- 当处理含氮有机物造成烟气氮氧化物排放超标时，应进行脱硝处理。
- 当处理含硫有机物产生二氧化硫时，应采用吸收等工艺进行后处理。

④蓄热催化燃烧装置（RCO）

（a）预处理

- 进入催化燃烧装置前废气中的颗粒物含量高于 10 mg/m³ 时，应采用过滤等方式进行预处理。
- 过滤装置两端应装设压差计，当过滤器的阻力超过规定值时应及时清理或更换过滤材料。
- 当废气中有机物浓度较高时，应采用稀释等方式调节至满足要求。

（b）催化燃烧

- RCO 的运行温度宜为 300～500℃，应根据废气成分及催化剂种类而设定。
- VOCs 氧化催化剂应有质量检验部门出具的合格证明，并符合《工业有机废气催化净化装置》（HI/T 389—2007）中关于催化剂性能的规定；催化剂的工作温度应低于 700℃，并能承受 900℃短时间高温冲击。
- 蓄热催化燃烧装置换向阀的泄漏率应低于 0.2%。
- RCO 装置的设计空速宜为 10 000～40 000 h⁻¹。
- 治理后产生的高温烟气宜进行热能回收。

（c）二次污染控制

当催化燃烧后产生二次污染物时应采取吸收等方法进行处理后达标排放。

b. 运行维护及台账记录要求

①燃烧装置运行维护要求见表3-8。

表 3-8　燃烧装置运行维护要求

设备和设施	检查内容	检查要点	相关说明
（蓄热）催化氧化	设备内部、零部件情况	点火器	燃气喷头堵住，影响正常打火
		陶瓷蓄热体形态	陶瓷蓄热体破碎，热回收效率低
	操作参数是否正常、稳定	催化（床）温度	催化温度达不到设计温度，催化效果差。一般在 300～500℃
		催化床温升	催化床温升小，可能由于催化活性低或污染物进口浓度低所致
		催化床出口温度	催化床出口温度过高，可能导致催化剂受损
		停留时间	一般不少于 0.75 s，若停留时间过短，则燃烧不充分
		催化床流程压差	流程压差小或为 0，可能存在"短路"现象；流程压差大，可能存在催化床局部堵塞等问题，一般压差低于 2 kPa
		排放管道风速	排放管道风速宜大于 5 m/s，以免发生回火危险
		浓度、风量、温度	浓度、风量、温度变化较大，净化效果差
		燃气压力	燃气压力是否正常
		蓄热室截面风速	一般不宜大于 2 m/s
		蓄热燃烧装置进出口温差	蓄热燃烧装置进出口温差不宜大于 60℃
（蓄热）接燃烧	设备内部、零部件情况	点火器	燃气喷头堵塞，影响正常打火
		陶瓷蓄热体形态	陶瓷蓄热体破碎，热回收效率低
		二床式蓄热床切换尾气控制状况	若未设置缓冲室，切换时可能出现瞬时超浓度排放

续表

设备和设施	检查内容	检查要点	相关说明
（蓄热）接燃烧	设备内部、零部件情况	设备防腐性能	废气中含 Cl、S 元素，燃烧后废气具备一定腐蚀性，应配备防腐内衬或采用抗腐蚀材料
	操作参数是否正常、稳定	（炉膛）燃烧温度	燃烧温度达不到设计温度（一般可达 750℃），净化效果差；燃烧温度过高，应急排放阀可能开启；燃烧温度超过 1 000℃，可能会产生 NO_x
		浓度、风量、温度	浓度、风量、温度变化较大，净化效果差
		燃烧室停留时间	停留时间过短，燃烧不充分，通常为 0.5～1 s
		燃气压力	燃气压力是否正常
		蓄热床流程压差	流程压差小或为 0，可能存在"短路"现象，流程压差偏大，可能存在蓄热体堵塞等问题
		蓄热室截面风速	一般不宜大于 2 m/s
		蓄热燃烧装置进出口温差	蓄热燃烧装置进出口温差不宜大于 60℃，温差过大说明换热效果差

②台账记录要求。

（a）企业应建立治理工程运行状况、设施维护等的记录制度，主要记录内容包括：

• 治理装置的启动、停止时间。

• 过滤材料、氧化催化剂、蓄热体等的质量分析数据、采购量、使用量及更换时间。

• 治理装置运行工艺控制参数，至少包括治理设备进、出口浓度和相关温度、蓄热室截面风速、排放管道风速、蓄热燃烧装置进出口温差等。

- 主要设备维修情况。
- 运行事故及维修情况。
- 定期检验、评价及评估情况。
- 废水排放、副产物处置情况。

（b）涉及 DCS 系统的，还应记录 DCS 曲线图。DCS 曲线图应按不同污染物分别记录，至少包括烟气量、污染物进出口浓度等。

（3）冷凝装置

a. 关键参数

①预冷器运行温度在混合气各组分的凝固点以上，进入装置的混合气温度降到 4℃时，可将大部分水除去，机械制冷可使大部分 VOCs 冷凝为液体而回收；若需要更低的冷温度，可以再连接液氮制冷，从而提高 VOCs 回收率。

②运行过程中，应密切注意冷凝温度。降低冷凝温度，可以提高压缩机制冷量，降低功率消耗，提高制冷系数。但冷凝温度过低会影响制冷剂的循环量，使制冷量下降。

③ R402a 与 R402b 作为短期制冷剂能够发挥很好的效果，而 R404a 与 R407a 可以作为长期使用制冷剂。

④一般对于油气回收集成工艺来说，冷凝段温度可控制在 –40～–50℃（为了使回收装置的排放浓度控制在很低水平）或 –20～–30℃（为了使回收装置的投资成本及能耗控制在低水平）。

b. 其他要求

控制和调整压缩机吸气压力、排气压力、膨胀阀前的制冷剂温度等在合理范围内。

c. 运行维护及台账记录要求

①冷凝装置运行维护要求见表 3-9。

表 3-9　冷凝装置运行维护要求

设备和设施	检查内容	检查要点	相关说明
冷却器 / 冷凝器	处理效果	不凝性气体收集净化情况	收集净化情况差，说明污染排放多
	设备内部、零部件情况	蒸发型冷却器的喷嘴雾化状况	喷嘴雾化效果差，则冷却效果差
		开式冷却系统的冷却水混浊度	冷却水水质越浑浊，冷却效果越差
		设备内外壁	是否有水垢积聚等现象，特别是壳管式冷凝器
	操作参数是否正常、稳定	出口温度	出口温度变高，冷却 / 冷凝效果变差
		冷却介质流量和压力	冷却介质流量低、压力低，则冷却 / 冷凝效果差
		出口温度与冷却介质进口温度的差值	差值越小，说明冷却 / 冷凝效果差
	有机溶剂回收量	冷凝器溶剂回收量	回收量变少，冷凝效果变差
			回收量变化率大，设施运行不稳定

②台账记录要求。

设备运行情况、设施维修等应及时记录，主要内容包括：

• 设备的启动、停止时间。

• 治理装置运行工艺控制参数，如能耗（电、水、燃料等）、进出口浓度、处理效率、各设备装置温度（如反应室进出口气流温度等）、风量、蒸发压力、蒸发温度、冷凝压力、冷凝温度、溶剂回收量、排气筒排气状况等。

• 主要设备维修情况。

• 运行事故及处理、维修、整改情况。

• 定期检验、评价及评估情况。

• 二次污染物处理处置情况。

（4）吸收 / 喷淋装置

a. 关键参数

● 选择低挥发性或者不挥发、具有高吸收能力（较大吸收量与较快吸收速度）、低毒性、低生物降解性或者不可生物降解和成本低、设备腐蚀性小的吸收剂，使得净化装置对有机污染物的净化效率不小于 95%。

● 填料塔空塔气速控制为 0.5～1.2 m/s，筛板塔气速控制为 1～3.5 m/s，湍球塔气速控制为 1.5～6 m/s，鼓泡塔气速控制为 0.2～3.5 m/s，喷淋塔气速控制为 0.5～2 m/s。

● 控制废气在设备中的停留时间不低于 0.5 s。

● 一般酸性废气加 NaOH，溶液浓度保持在 2%～6%，pH 控制在 7～9；碱性废气加硫酸，pH 控制在 10～11。

● 净化装置本体主体的表面温度不高于 60℃。

● 定期添加适量药剂和吸收液，控制其吸收液浓度（pH），注意系统的防垢和堵塞、温度、压力、密封、泄漏等。

b. 运行维护及台账记录要求

①吸收 / 喷淋塔运行维护要求见表 3-10。

表 3-10　VOCs 废气吸收 / 喷淋塔运行维护要求

设备与设施名称	检查内容	检查要点	相关说明
吸收 / 喷淋装置	设备内部、零部件情况	喷嘴雾化和布水均匀性状况	雾化及布水差，可能存在局部堵塞或水压不足等问题，净化效果差
		设备内藻类、青苔生长情况	造成堵塞，影响净化效率
		填料结垢	可能是化学反应产生沉淀 / 结晶，导致流量不正常，压降升高，影响净化效果
		加药装置堵塞情况	导致管路压降增大，影响投药量的控制
		循环水箱堵塞情况	循环水管路压降较大，说明水槽中沉积结垢等问题严重

续表

设备与设施名称	检查内容	检查要点	相关说明
吸收 / 喷淋装置	关键材料	吸收剂是否适合	对污染物溶解度大；低黏度；饱和蒸汽压低、挥发性小；低熔点、高沸点、无毒、无害、不易燃；价格便宜，对设备无腐蚀
	固体参数是否符合要求	填料高度	填料高度较设计值过低，净化效果差
		填料比表面积	填料比表面积越大，液气接触面积越大，气液分布均匀，表面的润湿性能越好，净化效果越好，一般求比表面积大于 90 m^2/m^3
	操作参数是否正常、稳定	填料床流程压差	流程压差小或为 2，可能存在短路现象，流程压差大，可能存在填料局部堵塞等问题，效果差
		氧化反应电位（ORP 值）	氧化反应类吸收塔，ORP 值过低或过高，影响化学反应条件，吸收净化率；ORP 值不稳定同样影响吸收净化率，以标准差大小判断 ORP 变化情况，标准差越小，则 ORP 变化率越小
		pH	酸碱控制类吸收塔，pH 变化，导致化学反应条件净化效果变差，以标准差大小判断 pH 变化情况，标准差越小，则 pH 变化率越小
		空塔气速	填料塔空塔气速一般为 0.5~1.2 m/s，筛板塔气速通常为 1~3.5 m/s，湍球塔气速为 1.5~6 m/s，鼓泡塔气速为 0.2~3.5 m/s，喷淋塔气速为 0.5~2 m/s。高的空塔气速会造成严重的雾沫夹带，这将给除雾器增加负担，也有超标的危险
		空塔停留时间	一般要求大于 0.5 s，停留时间过短，净化效果差
		液气比	液气比过大，浪费吸收剂；比值过小影响吸收效率，实际操作液气比为最小液气比的 1.1~1.5 倍
		进口温度	进口温度过高，吸收效率降低

设备与设施名称	检查内容	检查要点	相关说明
吸收 / 喷淋装置	操作参数是否正常、稳定	循环液箱水位	水位波动幅度偏大，则净化效果差
		循环水量	循环水量是指设备内部流过填料的洗涤水体积流量，循环水量小，净化效率差
	药剂更换周期及更换量	药剂添加周期和添加量	药剂添加延迟或添加量少，导致化学反应条件变差，净化效果变差
		洗涤 / 吸收液更换周期和更换量	更换时间延长或更换量少，导致化学反应条件变差，净化效率变差

②台账记录内容。

设备运行情况、设施维修等应及时记录，主要内容包括：

• 设备的启动、停止时间。

• 吸收液、药剂等消耗品种类、采购量、使用量、添加量、更换量及更换周期。

• 治理装置运行工艺控制参数，如治理装置进出口气体浓度、装置内浓度、风量、温度、压力、pH、ORP 值、液气比等。

• 主要设备维修情况。

• 运行事故及处理、维修、整改情况。

• 定期检验、评价及评估情况。

• 二次污染物处理处置情况。

（5）静电除油装置

a. 关键参数

• 定型机烟气温度控制在 100℃以下较为安全，160℃以上易着火，烟气进入静电除烟机之前应降温到 85℃以下，有效降低烟气在设备里着火的可能性。

• 在净化设备的两端（进风口和出风口处），分别安装防火阀和灭火装置，当其中一边管道烟气的温度超过着火温度的时候，两个防火阀会同时关闭，以切断设备里空气的来源，并打开灭火装置。

- 在烟雾净化-回收设备每一个排油口加装"U"形保压装置，确保设备内部废油有效排出。

- 根据粘结程度，至少每半年清洗极板1次，建议在进风口处安装1套粗滤装置，大大减轻电场的负荷，增强净化效果。

b. 运行维护及台账记录要求

①清电除油运行维护要求见表3-11。

表3-11　静电除油运行维护要求

设备和设施	检查内容	检查要点	相关说明
静电除油	设备内部、零部件情况	电极板	油污沉积，降低处理效果，甚至引起火灾
	操作参数是否正常、稳定	温度	温度过高容易导致起火
		绝缘电阻	绝缘电阻过低，绝缘性能下降，高频高压放电产生火花，易发生火灾

②台账记录要求。

企业应建立治理工程运行状况、设施维护等的记录制度，主要记录内容包括：

- 静电除油装置的启动、停止时间。

- 治理装置运行工艺控制参数，至少包括治理设备进、出口浓度，烟气量，处理风量，烟气含油率，设备本体漏风率等。

- 主要设备维修情况。

- 运行事故及维修情况。

- 定期检验、评价及评估情况。

③涉及DCS系统的，还应记录DCS曲线图。DCS曲线图应按不同污染物分别记录，至少包括污染物进出口浓度、烟气量等。

（6）生物装置

a. 关键参数

• 生物滤池的高度一般为 0.5～1.5 m，滤池太高会增加气流的流动阻力，太低会增加沟流现象，影响处理效果。

• 为防止气体中颗粒物造成过滤器堵塞，废气进入生物过滤器之前必须除尘；废气应被水蒸气饱和（相对湿度＞95%），以免生物过滤材料干燥、开裂。

• 生物法净化有机废气时，VOCs 浓度一般情况下应小于 1 000 mg/m³，不应高于 3 000～5 000 mg/m³，大风量下小于 200 mg/m³，且不应含有对微生物毒性较大的物质，如 SO_2。

• 生物法净化低浓度有机废气时，废气温度应控制在 5～65℃。废气与滤层的接触时间需要 30～100 s。

• 填料层中的温度应该保持在微生物所能适应生长的最佳温度，一般嗜温型微生物的最适生长温度为 25～43℃。

• 微生物比较适宜的生长湿度为 40%～60%。为增加废气湿度，既可在生物滤池上方安装喷水器，也可在进气中喷水。

• 大多数细菌、藻类和原生动物对 pH 的适应范围为 4～10，最佳 pH 为 6.5～7.5。

不同废气成分的生物降解能力如表 3-12 所示。

表 3-12　不同废气成分的生物降解能力

生物滤床			生物洗提反应器
处理效率＞80%	处理效率 50%～80%	处理效率＜50%	处理效率＞50%
• 苯：甲苯、混合二甲苯 • 醇：甲醇、丁醇 • 醛：甲醛 • 羧酸：丁酸 • 胺：三甲基胺	• 酮：丙酮 • 芳香烃：苯乙烯、苯酰胺、吡啶 • 酯：乙酸乙酯 • 酚：苯酚、氯化苯酚 • 硫醚：二甲基硫醚、硫氰化物、硫酚 • 硫醇：甲硫醇	• 饱和烃：甲烷、戊烷 • 环烷：环己烷 • 醚：乙醚 • 卤化物：二氯甲烷、三氯乙烷、四氯乙烷	• 醇：甲醇、乙醇、异丙醇、乙二醇、苯酚、乙二醇醚 • 酯：乙酸甲酯 • 酮：丙酮 • 醛：甲醛

b. 运行维护及台账记录要求

①生物装置运行维护要求见表 3-13。

表 3-13　生物装置运行维护要求

设备和设施	检查内容	检查要点	相关说明
生物滤池	设备内部、零部件情况	预洗池喷头、生物滤池喷头	是否堵塞，影响正常注水
		过滤器	是否堵塞，影响设施正常运行
	固定参数是否符合要求	生物滤池高度	一般在 0.5～1.5 m，太高会增加气流的流动阻力，太低会增加沟流现象，影响处理效果
	操作参数是否正常、稳定	填料床流程压差	流程压差小或为 0，可能存在"短路"现象；流程压差大，可能存在填料局部堵塞等问题，净化效果差
		填料温度	一般嗜温型微生物的最适生长温度在 25～43℃
		湿度	微生物比较适宜的生长湿度为 40%～60%
		营养物质	一般 BOD∶N∶P 的比例为 100∶5∶1
		pH	大多数微生物对 pH 的适应范围为 4～10；含 S、Cl、N 的污染物通常会使 pH 降低，因此需及时缓冲变动
	循环水、滤料更换周期及更换量	循环喷淋水是否及时更换	是否定期更换，当 pH 过低或过高时，需彻底更换

②台账记录要求。

设备运行情况、设施维修等应及时记录，主要内容包括：

• 设备的启动、停止时间。

• 填料等相关耗材种类、采购量、使用量、填装量、更换量及更换周期。

• 治理装置运行工艺控制参数，如能耗电、水量、治理装置进出口气体浓度、装置内浓度、温度、湿度、风量、压差、pH、营养物质投加量、排气筒排气状况等。

- 主要设备维修情况。
- 运行事故及处理、维修、整改情况。
- 定期检验、评价及评估情况。
- 废弃填料、二次污染物处理处置情况。

第 4 部分

重点行业 VOCs 排放
监测技术指南

一、监测内容、指标、频次

（一）监测内容

首先，应综合考虑国家、地方生态环境管理的有关要求，确定监测内容。

排污单位 VOCs 监测内容，应包括：①有组织排放监测；②无组织排放监测（如有要求）；③治理设施 VOCs 去除效率监测（如有要求）；④周边环境质量及敏感点的影响监测（如有要求）等。

国家、地方生态环境管理的有关要求，主要包括：

（1）排污单位的环评及批复。

（2）污染物排放（控制）标准：既包括国家标准，也包括地方标准；优先考虑行业排放（控制）标准，地方也可根据环境质量改善目标考虑其他有关管理规定；控制的要素、指标不重合的，合并执行；控制的指标重复的，限值从严执行。

（3）排污许可证申请与核发总则、分行业的技术规范。

（4）排污单位自行监测总则、分行业的技术指南。

（5）污染防治工作方案（包括国家的、地方的）。

（6）攻坚行动方案（包括国家的、地方的）等。

（二）监测指标

根据第（一）部分确定的监测内容，明确各个要素的监测点位、监测指标、监测方式、监测频次、监测方法等。

（三）监测频次

1. 排污单位自行监测的频次

应依据排污许可证申请与核发技术规范、排污单位自行监测技术指南的点位、指标及频次要求，确定各指标的监测方式和频次。

无行业排污许可证申请与核发技术规范、也无行业排污单位自行监测技术指南的，执行《排污许可证申请与核发技术规范　总则》（HJ 942—2018）、《排污单位自行监测技术指南　总则》（HJ 819—2017）的频次要求。

2. 监督或执法监测的频次

使用手持式 PID、手持式 FID 等监测仪器对排污单位生产排放进行快速筛查监测时，仪器在正常工作条件下进行即时采样，以此监测结果作为监测频次。

使用国家或地方的监测标准方法进行监督监测或执法监测时，应根据排放标准的要求进行即时采样，或按监测标准规范的要求进行污染物的小时均值排放浓度监测（1 h 内等时间监测采集 3～4 个样品获得污染物浓度的小时均值，或 1 h 内连续采样）。

二、排污口规范化设置要求

（一）排污口规范化设置的通用要求

排污单位应当按照《排污口规范化整治技术要求》（环监〔1996〕470号）的有关要求对排污口进行立标、建档管理，按照《固定污染源排气中颗粒物测定与气态污染物采样方法》（GB/T 16157—1996）等监测标准规范的具体要求进行排污口的规范化设置。设置规范化的排污口应包括监测平台、监测开孔、通往监测平台的通道（应设置 1.1 m 高的安全防护栏）、固定的永久性电源等。

排污口的规范化设置，应综合考虑自动监测与手动监测的要求。当既有国家标准又有地方标准时，应从严执行。

对治理设施的 VOCs 去除效率进行监测，应在处理设施的废气进口、出口，分别设置采样位置、采样孔、采样平台等监测条件。其中，为了保证烟气流速、烟气浓度、颗粒物等指标监测结果的代表性、准确性，要特别注意采样位置的规范性。特别是，当主排气管道上无法设置满足监测标准规范要求的采样位置时，应在主排气管道汇总前的支管管道上分别设置满足监测标准规范要求的采样位置，分别进行监测和计算治理设施的污染物去除效率。

比较规范的采样位置设置，示例如图 4-1 所示。

图 4-1　比较规范的采样位置设置示例

排污口的规范化设置，目前国家的主要技术标准如下：

（1）《固定污染源排气中颗粒物测定与气态污染物采样方法》（GB/T 16157—1996）

（2）《固定源废气监测技术规范》（HJ/T 397—2007）

（3）《固定污染源废气　低浓度颗粒物测定　重量法》（HJ 836—2017）

（4）《固定污染源烟气（SO$_2$、NO$_x$、颗粒物）排放连续监测技术规范》（HJ 75—2017）

（5）《排污口规范化整治技术要求（试行）》（环监〔1996〕470号）

（二）采样位置要求

（1）排污口应避开对测试人员操作有危险的场所（周围环境也要安全）。

（2）排污口采样断面的气流流速应在 5 m/s 以上。

（3）排污口的位置，应优选垂直管段，次选水平管段，且要避开烟道弯头和断面急剧变化部位。

（4）排污口的具体位置，应尽量保证烟气流速、颗粒物浓度监测结果的准确性、代表性，根据实际情况按《固定污染源排气中颗粒物测定与气态污染物采样方法》(GB/T 16157—1996)、《固定污染源烟气（SO₂、NOₓ、颗粒物）排放连续监测技术规范》(HJ 75—2017)、《固定源废气监测技术规范》(HJ/T 397—2007) 从严到松的顺序依次选定。①最优：距弯头、阀门、风机等变径处，其下游方向要不小于 6 倍直径，其上游方向要不小于 3 倍直径 [《固定污染源排气中颗粒物测定与气态污染物采样方法》(GB/T 16157—1996)]；②其次：距弯头、阀门、风机等变径处，其下游方向要不小于 4 倍直径，其上游方向要不小于 2 倍直径 [《固定污染源烟气（SO₂、NOₓ、颗粒物）排放连续监测技术规范》(HJ 75—2017)]；③最后，距弯头、阀门、风机等变径处，其下游、上游方向均要不小于 1.5 倍直径，并应适当增加测点的数量和采样频次 [《固定源废气监测技术规范》(HJ/T 397—2007)]。

（三）采样平台要求

（1）安全要求：应设置不低于 1.2 m 高的安全防护栏；承重能力应不低于 200 kg/m²；应设置不低于 10 cm 高度的脚部挡板。

（2）尺寸要求：面积应不小于 1.5 m²，长度应不小于 2 m，宽度应不小于 2 m 或采样枪长度外延 1 m。

（3）辅助条件要求：设有永久性固定电源，具备 220 V 三孔插座。

（四）采样平台通道要求

（1）采样平台通道，应设置不低于 1.2 m 高的安全防护栏；宽度应不小于 0.9 m。

（2）通道的形式要求：禁设直爬梯；采样平台设置在离地高度≥2 m 时，应设斜梯、之字梯、螺旋梯、升降梯／电梯；采样平台离地面高度≥ 20 m 时，应采取升降梯。

（五）采样孔要求

（1）手工采样孔的位置，应在 CEMS 的下游；且在不影响 CEMS 测量的前提下，应尽量靠近 CEMS。

（2）采样孔的内径：对现有污染源，应不小于 80 mm；对新建或改建污染源，应不小于 90 mm；对于需监测低浓度颗粒物的排放源，检测孔内径宜开到 120 mm。

（3）采样孔的管长：应不大于 50 mm。

（4）采样孔的高度：距平台面为 1.2～1.3 m。

（5）采样孔的密封形式：可根据实际情况，选择盖板封闭、管堵封闭或管帽封闭。

（6）采样孔的密封要求：非采样状态下，采样孔应始终保持密闭良好。在采样过程中，可采用毛巾、破衣、破布等方式将采样孔堵严密封。

规范化的排污口，示例如图 4-2 所示。

图 4-2　规范化的排污口示例

三、监测要求

（一）手工监测要求

开展手工监测时，监测人员应当按照国家环境监测技术规范的要求，做好仪器的维护校准、试剂材料的准备等，规范实施监测活动，并做好相应记录。

地方生态环境主管部门已发布地方性监测技术标准的，排污单位或受托单位应遵守其规定。

在 VOCs 手工监测方面，有组织废气的监测主要执行固定污染源废气的监测方法标准，无组织废气的监测主要执行环境空气的监测方法标准。目前，国家的技术标准如下：

- 《空气质量　三甲胺的测定　气相色谱法》(GB 14676—1993)
- 《空气质量　硫化氢、甲硫醇、甲硫醚和二甲二硫的测定　气相色谱法》(GB/T 14678—1993)
- 《空气质量　甲醛的测定　乙酰丙酮分光光度法》(GB/T 15516—1995)
- 《固定污染源排气中颗粒物测定与气态污染物采样方法》(GB/T 16157—1996)
- 《环境空气　苯系物的测定　固体吸附 / 热脱附 - 气相色谱法》(HJ 583—2010)

- 《环境空气　苯系物的测定　活性炭吸附 / 二硫化碳解析 - 气相色谱法》(HJ 584—2010)

- 《环境空气　总烃、甲烷和非甲烷总烃的测定　直接进样 - 气相色谱法》(HJ 604—2017)

- 《环境空气　酚类化合物的测定　高效液相色谱法》(HJ 638—2012)

- 《环境空气　挥发性有机物的测定　吸附管采样 - 热脱附 / 气相色谱 - 质谱法》(HJ 644—2013)

- 《环境空气　挥发性卤代烃的测定　活性炭吸附 - 二硫化碳解吸 / 气相色谱法》(HJ 645—2013)

- 《空气　醛、酮类化合物的测定　高效液相色谱法》(HJ 683—2014)

- 《固定污染源废气　挥发性有机物的采样　气袋法》(HJ 732—2014)

- 《固定污染源废气　挥发性有机物的测定　固定相吸附 - 热脱附 / 气相色谱 - 质谱法》(HJ 734—2014)

- 《环境空气　挥发性有机物的测定罐采样　气相色谱 - 质谱法》(HJ 759—2015)

- 《固定污染源排气中酚类化合物的测定　4- 氨基安替比林分光光度法》(HJ/T 32—1999)

- 《固定污染源排气中甲醇的测定　气相色谱法》(HJ/T 33—1999)

- 《固定污染源排气中氯乙烯的测定　气相色谱法》(HJ/T 34—1999)

- 《固定污染源排气中乙醛的测定　气相色谱法》(HJ/T 35—1999)

- 《固定污染源排气中丙烯醛的测定　气相色谱法》(HJ/T 36—1999)

- 《固定污染源排气中丙烯腈的测定　气相色谱法》(HJ/T 37—1999)

- 《固定污染源废气　总烃、甲烷和非甲烷总烃的测定　气相色谱法》(HJ 38—2017)

- 《固定污染源排气中氯苯类的测定　气相色谱法》(HJ/T 39—1999)

- 《大气污染物无组织排放监测技术导则》(HJ/T 55—2000)

- 《固定污染源监测质量保证与质量控制技术规范（试行）》(HJ/T

373—2007）

•《固定源废气监测技术规范》（HJ/T 397—2007）

•《环境空气和废气　三甲胺的测定　溶液吸收 - 顶空 / 气相色谱法》（HJ 1042—2019）

（二）自动监测要求

1. 自动监测的安装等管理要求

重点排污单位应按照大气污染防治法、排污许可证申请与核发技术规范、排污单位自行监测技术指南的要求，安装运行自动监测设备。

在 VOCs 自动监测方面，排污单位应按照国家的技术标准要求，开展监测站房的建设、自动监测设备的安装、验收、运行维护、数据记录与审核等工作。

地方生态环境主管部门已发布地方性监测技术标准的，排污单位应遵守其规定。

在 VOCs 自动监测方面，目前国家的技术标准如下：

（1）《固定污染源烟气（SO_2、NO_x、颗粒物）排放连续监测技术规范》（HJ 75—2017）

（2）《固定污染源废气中非甲烷总烃排放连续监测技术指南（试行）》（环办监测函〔2020〕90 号）

2. 自动监测的关键技术要求

（1）按国家、地方的监测技术规范要求，做好设备的运行维护及记录；现场帮扶时，重点关注仪器运行是否正常、是否能正常显示和传输监测数据、历史数据是否存在超标情况，以及排污单位是否对生产设施、治理设施进行了排查和解决问题。

（2）样品传输管线应具备稳定、均匀加热和保温的功能，其加热温度应符合有关规定（一般应保证在 120℃以上），加热温度值应能够在机柜或系统软件中显示查询。

（3）至少每月检查一次燃烧气连接管路的气密性，NMHC-CEMS 的过滤器、采样管路的结灰情况，若发现数据异常应及时维护。

（4）使用催化氧化装置的 NMHC-CEMS，每年用丙烷标气检验一次转化效率，保证丙烷转化效率在 90% 以上，否则需更换催化氧化装置。

（5）至少每半年检查一次零气发生器中的活性炭和一氧化氮氧化剂，根据使用情况进行更换。

（6）对于使用氢气钢瓶的，每周巡检钢瓶气的压力并记录，有条件的应做到一用一备；对于使用氢气发生器的，应按其说明书规定，定期检查氢气压力、氢气发生器电解液等，根据使用情况及时更换，定期添加纯净水。

四、监测记录

（一）手工监测的记录要求

无论是排污单位自承担监测，还是委托第三方开展监测，监测方都应做好监测记录并保存。监测记录主要包括采样记录、分析记录、质控记录、监测报告、工况记录。对排污单位自承担的监测，监测记录应可以随时调阅。对委托第三方监测的，排污单位处至少可调阅监测报告，检测机构处可调阅监测记录，鼓励排污单位留存监测记录复印件。

监测报告重点应包含监测日期、监测点位、监测指标、监测结果、排放限值、是否达标等必要的关键信息。

监测记录及报告，应遵守检测单位计量认证体系文件的内容、格式要求。

（二）自动监测的记录要求

对于自动监测，应参照《固定污染源烟气（SO_2、NO_x、颗粒物）排放连续监测技术规范》（HJ 75—2017）的要求，应做好设备调试检测记录、自主验收档案记录、日常运维记录。

其中，自动监测的日常运维记录应包括日常巡检记录、日常维护保养

VOCs
|挥发性有机物治理实用手册（第二版）

记录（设备维修维护、故障分析及排除、标气更换等）、定期校准记录、定期校验记录。

典型运维记录示例如图 4-3 所示。

（a）

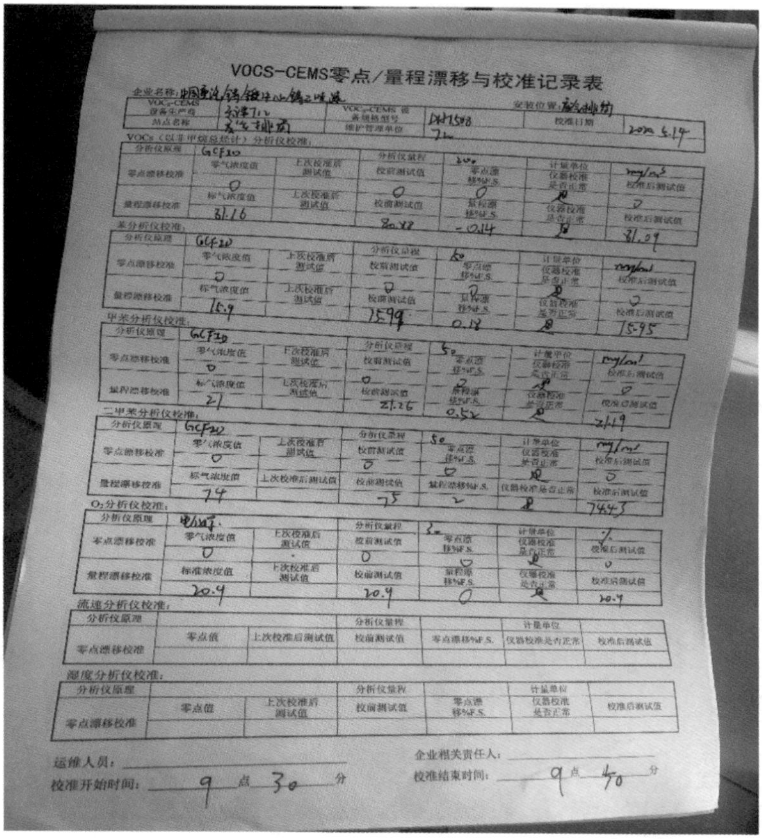

VOCS-CEMS零点/量程漂移与校准记录表

企业名称：[illegible]　　安装位置：[illegible]

VOC_s-CEMS 设备生产商	[illegible]	VOC_s-CEMS 设备规格型号	[illegible]		
站点名称	[illegible]	维护管理单位	[illegible]	校准日期	2020.5.14

VOCs（以非甲烷总烃计）分析仪校准：

分析仪原理	GCF...		分析仪量程	200	计量单位	mg/m³
零点漂移校准	零气浓度值	上次校准后测试值	校前测试值	零点漂移%F.S.	仪器校准是否正常	校准后测试值
	0		0	0	[illegible]	0
量程漂移校准	标气浓度值	上次校准后测试值	校前测试值	量程漂移%F.S.	仪器校准是否正常	校准后测试值
	31.16		80.48	-0.14	[illegible]	31.09

苯分析仪校准：

分析仪原理	GCF...		分析仪量程	50	计量单位	mg/m³
零点漂移校准	零气浓度值	上次校准后测试值	校前测试值	零点漂移%F.S.	仪器校准是否正常	校准后测试值
	0		0	0	[illegible]	0
量程漂移校准	标气浓度值	上次校准后测试值	校前测试值	量程漂移%F.S.	仪器校准是否正常	校准后测试值
	15.9		15.99	0.18	[illegible]	15.95

甲苯分析仪校准：

分析仪原理	GCF...		分析仪量程	50	计量单位	mg/m³
零点漂移校准	零气浓度值	上次校准后测试值	校前测试值	零点漂移%F.S.	仪器校准是否正常	校准后测试值
	0		0	2	[illegible]	0
量程漂移校准	标气浓度值	上次校准后测试值	校前测试值	量程漂移%F.S.	仪器校准是否正常	校准后测试值
	21		21.26	0.52	[illegible]	21.19

二甲苯分析仪校准：

分析仪原理	GCF...		分析仪量程	50	计量单位	mg/m³
零点漂移校准	零气浓度值	上次校准后测试值	校前测试值	零点漂移%F.S.	仪器校准是否正常	校准后测试值
	0		0	0	[illegible]	0
量程漂移校准	标气浓度值	上次校准后测试值	校前测试值	量程漂移%F.S.	仪器校准是否正常	校准后测试值
	74		75	2	[illegible]	74.43

O_2分析仪校准：

分析仪原理	[illegible]		分析仪量程	30	计量单位	%
零点漂移校准	零气浓度值	上次校准后测试值	校前测试值	零点漂移%F.S.	仪器校准是否正常	校准后测试值
	0		0	0	[illegible]	0
量程漂移校准	标准浓度值	上次校准后测试值	校前测试值	量程漂移%F.S.	仪器校准是否正常	校准后测试值
	20.9		20.9	0	[illegible]	20.9

流速分析仪校准：

分析仪原理			分析仪量程		计量单位	
零点漂移校准	零点值	上次校准后测试值	校前测试值	零点漂移%F.S.	仪器校准是否正常	校准后测试值

湿度分析仪校准：

分析仪原理			分析仪量程		计量单位	
零点漂移校准	零点值	上次校准后测试值	校前测试值	零点漂移%F.S.	仪器校准是否正常	校准后测试值

运维人员：　　　　企业相关责任人：

校准开始时间：9 点 30 分　　校准结束时间：9 点 40 分

（b）

图 4-3　典型运维记录示例